你可以了，
　全世界就可以了

成长超能力

在专业化的世界中胜出

麦风玄 ◎ 著

Superpower of Growth

Excel in
a Specialized World

电子工业出版社
Publishing House of Electronics Industry
北京·BEIJING

内容简介

现代社会正在深刻地改变我们的生活和工作方式，对所有人，尤其是女性，提出了更专业的要求。那么，如何在专业的世界中胜出呢？本书对这个问题进行了探索，从心力、情绪、关系、思考、输出、输入维度进行探讨：如何向内生长，拥有强大的心力？如何破解情绪的多面性，成为情绪的主人？如何修炼心智模式，建立幸福关系？如何打破局限，训练思考能力？如何高效输出，通过语写进行自我革新？如何有效输入，唤醒潜能？

对希望在当下这个专业的世界中快速破局，加速自我成长的人来说，本书颇具启发性。

未经许可，不得以任何方式复制或抄袭本书之部分或全部内容。
版权所有，侵权必究。

图书在版编目（CIP）数据

成长超能力：在专业化的世界中胜出 / 麦风玄著 . —北京：电子工业出版社，2023.10
ISBN 978-7-121-46082-1

Ⅰ.①成… Ⅱ.①麦… Ⅲ.①成功心理－通俗读物 Ⅳ.① B848.4-49
中国国家版本馆 CIP 数据核字（2023）第 144784 号

责任编辑：滕亚帆
印　　刷：中国电影出版社印刷厂
装　　订：中国电影出版社印刷厂
出版发行：电子工业出版社
　　　　　北京市海淀区万寿路 173 信箱　　邮编：100036
开　　本：880×1230　1/32　印张：8.625　字数：220 千字
版　　次：2023 年 10 月第 1 版
印　　次：2023 年 10 月第 2 次印刷
定　　价：79.00 元

凡所购买电子工业出版社图书有缺损问题，请向购买书店调换。若书店售缺，请与本社发行部联系，联系及邮购电话：（010）88254888，88258888。
质量投诉请发邮件至 zlts@phei.com.cn，盗版侵权举报请发邮件至 dbqq@phei.com.cn。
本书咨询联系方式：faq@phei.com.cn。

推 荐 语

麦老师小小的身体包裹着大大的力量,而这本书也充满了力量。

从心力出发,到输出落地,这是一份提升力量感的宝典。书中实用的方法,配上麦老师娓娓道来的文风,能够帮助读者如何拥有成长超能力,最终在专业的世界里轻松胜出。

其实,成功的路并不拥挤,这本书一定会为你保驾护航,成为你的超能力秘籍!

——南南

南不倒我品牌创始人、ICF 国际专业教练、

稻盛和夫《经营十二条》私域营销顾问

潜力是什么?是每个人都拥有,却没有显化出来的能力。认识小麦以来,每次见到她,都能看到她潜能的进一步显化,这是多么值得赞叹的事情!

她的书让我看到了更加清晰的进化路径,如果你希望每一

天都比昨天的自己更进步，希望实现自己的人生梦想，她的书会教你怎么做，而她本人会让你确信——做就对了。

——何春蕾 HB® 国际认证催眠分娩讲师

有幸见证麦麦老师这几年的成长。一直好奇外表温婉的她，如何拥有超强的行动力，在这本书中，她用自己的实践和思考给出了答案，为同样想获得"成长超能力"的你，提供了实用工具和策略。这本书将引领大家深入探索自己的内心，向内唤醒潜能，向外绽放光芒。

——灵休 《语写高手》合著作者

麦麦的新书是一本对女性特别有益的成长指南。她通过分享自己的故事和经验，鼓励女性在家庭和职场中不断成长，发挥自己的优势，成就更好的自己。这本书可以说是女性成长路上的伙伴。

——赛男 性格色彩培训院讲师

麦老师在怀孕期间完成的新书《成长超能力》，再一次向我们展示了"稳定"与"专业"。在书里，麦老师娓娓道来，围绕"心力""情绪""关系""思考""输出"和"输入"，分享了她的成长故事和心得，帮助读者训练破局成长的超能力。相信这本书会影响更多女性,让更多读者从中汲取力量,发出属于自己的光芒。

——蛋蛋

"真腔实蛋"主理人、人生可视化践行者

在《成长超能力》一书中,麦老师毫无保留地分享了她成长路上的困惑及应对之道,为读者提供了获得"成长超能力"的实用工具和策略。

这本书能帮助你在专业领域的竞争中提升自我,培养积极向上的心态。赶快来阅读吧,感受麦老师真诚、温暖且富有力量的文字!

——小饼干 《语写高手》合著作者

心力是"一个人调适自己的内在状态,从容适应外部环境,并且能够帮助自己实现梦想,让自己心想事成的能力"。这是我们当下面对各种复杂挑战最关键的成长力量!麦老师在书中系统分享了通过内外在方式,挖掘和提升心力能量的方法,帮助我们在成长中找到生命的内燃料,助力梦想之花绽放!

谢谢老师以坚韧的品质、破竹式的成长,引领我们奔向生命之光。

——咏梅 妈妈三种时间社群主理人

麦老师是我语写的启蒙老师，受她的影响我才正式走进个人成长的大门。让我印象最深刻的是，她在妈妈语写营中说的一句话："你可以了，世界就可以了。"成长不是对女性提出更高要求，成长是女性送给自己最好的礼物。

　　女性在不同的人生阶段要承担起责任，做好被赋予的角色，怎样才能更好地面对职场、家庭的挑战，在《成长超能力》这本书里，麦老师翔实地分享了自己的成长路径，我相信这能帮助更多的女性接纳自己、重拾信心，赋予女性更多的力量并勇敢向前。

——小咩（杨晓玲）语写、时间记录践行者

　　关于成长，针对不同的人在不同的人生阶段会有不同的解读。有些人从学校毕业的那一天起，自我成长就终止了，因为再也没有人在背后监督或引导了；有些人却能保持终身学习和成长，知行合一。

　　麦麦则是典型的后者，本书从心力、情绪、关系、思考、输出、输入6个维度阐述了如何自我成长。心力、思考、输出、输入这4个维度都需要很高的自律性才能做到，在麦麦身上可以看到自然而然的自律，而非为了修炼而修炼的自律，也就是"觉者由心生律"，她则属于"觉者"，从心而发、自然成长。

　　在不同的人生阶段，成长的厚度是不一样的。对于成年人，若遇到职场瓶颈、关系困扰、情绪低谷等,一般在解决问题时,也就是在自我成长之时,本书相关章节有详尽的指引,可以让自我成长更"厚实"。愿我们在终身成长之路上,皆有"成长超能力"相随,精神抖擞、"法力"无边。

——lily　微信产品经理、自我成长实践者

和麦老师的相识源于语写,这几年看到麦老师从默默陪伴剑飞老师创业,到成为妈妈,站在几百人的舞台上勇敢地分享自己的成长故事,再到成立"麦麦闺蜜圈",帮助了很多妈妈开始语写和学习商业知识,用自身的能量带动和影响着越来越多的妈妈们。

《成长超能力》一书中,麦老师分享了拥有成长超能力所需要的六项能力,相信一定会给渴望成长的你带来很大启发。

——小奇　《语写高手》合著作者

麦麦总是不断创造奇迹,就像这本突然放在我手里的书,再一次让我惊叹。如果你认识她,可能会跟我一样,觉得她是一个"反差感"很强的姑娘。表面文文静静,内心却很坚韧;成长经历丰富,眼神依旧如孩子般澄澈;不管什么时候见到她,她的气质总是如一缕沁人的春风……阅读这本书的时候我很感动——被她的成长故事,被她的"什么帮助了我,我就用什么去帮助别人",

被她的赤诚。我特别珍惜这样的明亮和赤诚，感谢麦麦的文字，让我在追梦的路上也备受鼓舞。

——蓝心　领悟心理创始人

在看这本书时，越发感受到麦老师还是麦老师，同时也不是我 4 年前认识的麦老师了。是什么让她越来越发光，从一个不自信的"不要"小姐，到激发内在能量，不断绽放。

在这本书里，她毫无保留地分享了如何拥有成长超能力，通过"心力—情绪—关系—思考—输出—输入"，实现了向内生长到向外创造。这不仅适用于她，对你也一定有用。

相信每位读者都可以从中得到滋养，看见自己，找到自己，绽放自己。

——珍妮 | 邓燕珊　《语写高手》合著作者

读了剑飞老师的几本书，这次他爱人麦风玄老师终于动手写了《成长超能力》这本书。

麦老师根据和老公的创业历程，向读者分享了女性怎么拥有心力、如何管理情绪的多面性，以及如何高效输出。读了这本书，让我感受最深的是她和老公的爱情保鲜秘籍……

希望麦老师这本书让你知道，如何向内生长，扮演好生命中的不同角色，在专业的世界中胜出。

——吴海燕

《从零开始玩抖音》作者、

认识麦麦后时常感叹，这温柔似水的女子身上有一股韧劲儿，激励自己，影响他人。她自己在逆境中发光，在自己的专业领域做到极致，而后和剑飞老师一起帮助一群人语音写作，帮助他人活成一道光。

且麦麦的这书，不仅有故事，也有方法。太阳底下无新鲜事，麦麦的书籍或许可以给你不一样的视角和天地，让你打开新大门。

——雯琳

《轻松享瘦，给减肥女人的私房课》作者、

美国运动医学会认证教练、孕产教练

如果只给生命一个存在的理由，应该就是"成长"。按科学界"熵增"的理论，生命存在的意义就在于对抗"熵增"。

但是很多人都是"间歇性地踌躇满志，持续性地混吃等死"，这是成长的重要阻碍。人生是用"自律"换得了真正的"自由"，"思考"才方得"成长"。感谢那些"逼"我们深入思考的人和事，因为他们，我们才有机会让自己活得不那么"肤浅"。

小麦，在大二时跟我学习速录，从一个懵懂的小姑娘，到结婚生子，成长为今天一个有独立思想的成熟母亲，我从她的身上清晰地看到了"成长"于人生的变化和影响。对于已至中年的我，经历和过往让我也不得不去认真面对"人生"和"成长"这两个重要课题。

人生是自我修炼的课堂，努力活成一个让自己尊敬的人。小麦把她成长过程中的经验和心得，以这本书的方式分享给读者，这于人于己都是极有价值和意义的事。

——彭春慧　E迅教学导师

麦老师是一个有"劲"儿的人，这本书是在她孕育二宝的时候写出来的。所以阅读书中的文字绝对能让女性朋友们在前行的路上获得心灵的力量和破局的方法。书中真实的成长感受和具体心法、方法，给阅读者带来榜样的力量。她的精彩还在继续，希望读此书的你一起成长，一起绽放，终有一天大家在顶峰相见。

——徐思宁　千万字语写达人

前　言

活出自己的光，我们一起前行

你好，我是麦风玄。

曾经听到有人说："我好喜欢你的状态呀，希望我也可以像你一样发光。"听到这句话的时候，我的第一反应是惊讶，因为我从未想过自己在他人眼中是可以发光的。

我来自传统的潮汕家庭，从小生活在海边，父母都是勤劳的生意人。我是家里第一个考上大学的孩子，学的是文秘速录专业。我深知自己不是"学霸"，于是利用他人逛街、看剧的时间，报了专升本课程，一个人默默地"泡"图书馆，终于在毕业时拿到了学士学位。

我第一次出远门，是和舍友一起到北京跟随老师学习速录，一天10多个小时的高强度训练，使我的脊柱痛到无法直起。我的第一份工作是在一家速记公司做速录，每天跑会场采集录音，累到头晕呕吐。但我坚持了下来，因为内心憋着一股劲儿，我告诉自己一定要努力成长，做成一些事情。

后来遇到我家先生，受他影响，我开始语写，开始向内探索，发掘内心的渴望，用行动实现梦想。我们一起语写，一起创业。一路上，我们经历过前辈的否定，有过很多无奈和沮丧的时刻。但我们携手坚持，做得越来越好，现在已经有一群人跟随我们一起前行。

孩子的到来，让我有了更强烈的渴望，渴望突破，渴望发声，渴望用生命影响生命。

于是，我开始学习从事商业活动：从害怕销售到主动销售；从害怕直播到组建"麦麦闺蜜圈""语写妈妈1天1万字实践营"，通过直播带领大家进行语写；从不敢"卖出"自己到敢于给自己定价；从不敢表达到勇敢站上500人活动的"C位"，讲述自己的语写故事；从不敢写作到和大家一起合著《语写高手》，现在又写下这本书，成为作家……

什么帮助我，我就用什么去帮助世界。所以，在这本书中，我将自己的经历、困惑、解决方案真实且完整地呈现了出来。

在当下这个对专业要求越来越高的社会，每个人，尤其是女性，既要在家庭中承担更多的责任，又要在职场中"拼杀"，因此我们需要用更少的时间，更高效地破局成长。本书主要探讨如何训练成长超能力，以此在专业的世界中胜出，并从心力、情绪、关系、思考、输出、输入维度进行探讨：如何向内生长，拥有强大的心力？如何破解情绪的多面性，成为情绪的主人？如何修炼心智模式，建立幸福关系？如何打破局限，训练思考能力？如何高效输出，通过语写进行自我革新？如何有效输入，唤醒潜能？相信学会这些一定能对你有所启发。

也许这本书的文笔不够优美，思考不够深刻，但它有100%的真诚，希望能为你带来真实的力量，活出自己的光，我们一起前行！

最后，请允许我隆重感谢以下这些人，《成长超能力》这本书得以完成，全靠他们的全力协助，我想向他们表达我的感谢。

我的思考和成长，离不开丈夫剑飞的支持和鞭策，书中交织着我和丈夫相识相知的点滴故事，这本书也因为他的超强行动力才得以推进和面世。

感谢我的两个儿子，他们给了我无尽的爱和勇气，他们是我最棒的老师，教会我用自己喜欢的方式活着。

感谢爸爸妈妈帮忙带娃，才让我有精力写书，我的点滴进步离不开他们的辅助和爱护。

感谢好友们，我希望能与你们分享我的故事和思想。

感谢所有给了我赞美和灵感，在个人成长路上与我共享欢声笑语的语写老板们。

大力感谢电子工业出版社出谋划策的编辑滕亚帆和美编吴海燕，以及协助书稿编辑、审校的蓝枫，参与校对的小饼干、小奇、灵休、笋笋、蛋蛋。因为有了你们的校对，书籍得以更好地呈现给读者。谢谢你们，我爱你们。

感谢与这本书相遇的你，在众多的书籍中翻开《成长超能力》，我透过文字与你见面，我是另外一个你。

越努力越幸运，越思考越成长，人生在于不断折腾！

麦风玄

扫描二维码
和麦风玄一对一交流

第一批读者大人,真心感谢你们的支持

(排名不分先后)

剑 飞	语写创始人	叶亚男	演讲教练
清 茶	《语写高手》合著作者	英 英	语写千万字达人
灵 休	《语写高手》合著作者	赛 男	性格色彩培训院讲师
朱笋笋	未来知名作家	徐钦冲	法国酒庄联盟FVD亚太区CEO
珍 妮	邓燕珊jenny公众号主理人	Effie	深圳湾妈妈读书会主理人
胡 奎	《高效办公Office教程》作者	刘 丽	语写千万字达人
任桓毅	睿为个人发展学堂创始人	钰 茹	东莞市迪宝鞋业有限公司广州区区域总监
邵毅力	金融保险企业总经理	王 维	律师
江 英	律师	耿显燕	燕语健康心理创始人
蒋 赛	大学教师、一行工作室主理人	丽 娟	语写千万字达人
小 咩	语写千万字达人	雅 心	心理疗愈师、《语写高手》合著作者
明 韬	《语写高手》合著作者	云上云清	《语写高手》合著作者
慧 峰	自由职业互助社群主理人	张 蕾	上海知名三甲医院副主任医师
政 丹	乐卡西热水解决方案水姐	索 姐	语写及时间记录实践者
南 南	南不倒我品牌创始人	蔡 静	CFP国际金融理财师
咏 梅	妈妈三种时间社群主理人	霞 姐	护士
菲 菲	语写千万字达人	悠然自得	大老板的贤内助
海 燕	《从零开始玩抖音》作者	赛先生	社区健康卤味创客导师
小饼干	《语写高手》合著作者	小 君	深圳读书会秘书长
晓 雅	《语写高手》合著作者		
青 叶	口腔护士		

目 录

第 1 章　心力　　2

1.1　比脑力更重要的是心力　　4

1.2　怎样才能拥有强大的心力　　7

1.3　提升心力，比什么都重要　　17

1.4　提升心力的最小一环，也是最后一环　　32

第 2 章　情绪　　34

2.1　破解情绪的多面性　　36

2.2　准确移情　　47

2.3　做情绪的主人　　49

第 3 章　关系　　54

3.1　幸福掌握在自己手中　　56

3.2　心智层级越高，人生越幸福　　71

3.3　如何修炼心智模式　　74
3.4　人际关系地图　　90

第 4 章　思考　　94

4.1　不思考的三个根源　　96
4.2　主动创造思考的时间　　103
4.3　主动创造思考的空间　　107
4.4　培养正确的思考方式　　111
4.5　两招提升大脑思考能力　　120
4.6　如何进行正念思考　　125

第 5 章　输出　　136

5.1　语言的魅力　　138
5.2　语写到底有什么魔力　　141
5.3　写作的五个魔法　　145
5.4　几种常见的语写方法　　152
5.5　提高写作效率的几个小技巧　　159
5.6　给"语写人"的三个锦囊　　164
5.7　流水账式的人生也一样精彩　　166
5.8　如何通过语写进行自我革新　　169

第 6 章　输入　　　　　　　　　　　172

　6.1　输入和输出是一对孪生姐妹　　　174
　6.2　唤醒潜能　　　　　　　　　　　183
　6.3　明确目标，突破极限　　　　　　188
　6.4　培养自信心　　　　　　　　　　198
　6.5　你想成为什么样的人　　　　　　206
　6.6　你的梦想是什么　　　　　　　　215
　6.7　三"时"而立——我的时间记录旅程　218
　6.8　时间就是钱，时间就是命　　　　224
　6.9　低价值感的人如何翻盘　　　　　232
　6.10　如何撰写自己的人生剧本　　　　234
　6.11　写作这件事，你为谁而做　　　　237
　6.12　对自己狠一点儿　　　　　　　　242
　6.13　女性为什么要语写　　　　　　　244

后记　你无须完美，勇敢做自己　　　255

麦风玄的成长超能力心法

01 强大的愿力带来行动力

02 给予是一切丰盛的源头

03 让自己过好是一种能力

04 什么帮助我,我就用什么去帮助世界

05 主动找事做,主动找苦吃

06 你可以了,全世界就可以了

07 我为自己而写,我为自己代言

08 真正的道场不是寺庙,不是佛堂,而是每一个当下的存在和每一个念头

第1章 心力

1.1　比脑力更重要的是心力
1.2　怎样才能拥有强大的心力
1.3　提升心力，比什么都重要
1.4　提升心力的最小一环，
　　　也是最后一环

1.1 比脑力更重要的是心力

你有没有出现过这种情况：干什么事都提不起精神，就算有想干的事，也是反复纠结，迟迟不肯动手，等终于决定开干了，碰到一点儿困难又退回来。

"我就是，我就是，现在的我依旧是这样的。"

怎么办，难道就这样了吗？不。

办法总比困难多，我始终相信，只要一个人想改变，就一定有办法改变。那背后是什么在主导？到底能不能改变？我们学了那么多方法、工具，全部用完以后，仍然没能收获成功和幸福，这就说明我们还没有发现更深层的东西，那个更深层的东西叫作**心力**。

我们很难定义心力是什么，但它在我们身边是实实在在存在的。很多东西都是无意识层面的，心力就是潜伏在无意识层面的一种能力。比如，说这个人很有魄力，这个人很和善，这个人很有朝气，这些都是心力的典型特征。但问对方你凭什么觉得这个人有魄力、很和善或有朝气，对方却不能清晰地说出原因。因为这是在能量层面感受到的，不是肉眼所见的。

用简单的话语来定义，**心力是一个人调适自己的内在状态，从容地适应外部环境，并且实现自己的梦想，让自己心想事成的能力。**

要想心力足，须从"铁三角"入手。运动、饮食、睡眠是健康的"铁三角"。

生命在于运动，一定要让身体动起来。除了运动，还有晒太阳。有一项科学研究表明，靠窗的员工比不靠窗的员工每晚能多睡 40 分钟，这就是晒太阳的作用。饮食方面以清淡为主，多吃新鲜果蔬，食物都是自带能量的。另外，睡眠是提升心力的重要方式，特别是孩子，一定要让他们睡足，因为人只有睡足后才会更加精神和活泼。

有一次，我们早晨要去赶车，不得不叫醒孩子，可他那会儿还在熟睡，被叫醒之后整个人都没有太大力气，也没有太多活力。一般情况下，孩子睡够之后，醒过来就像一台"永动机"，精神是饱满的。

比脑力更重要的是心力，因为心力是体力和脑力的"稳器",是力量的来源,它决定了你的内心有多强大。心力越强大,人生越从容。一个人的心力有多大,其生命力的承载力就有多大,心力是"种子"的力量。

1.2 怎样才能拥有强大的心力

要想拥有强大的心力，有四个方面特别重要：愿力、专注力、创造力、洞察力。

1.2.1 愿力：心力的原动力

生活中有很多想要实现的目标，这边抓一抓，那边抓一抓，最后发现什么也没抓着。如果你一直忙碌，却发现自己没有取得更大的成绩，就需要从源头找答案。找寻自己的愿力，它是心力的原动力，是你的初心和理想。愿力是心心念念想实现某个正向意图的心愿。

提升愿力的三步骤：

（1）找到自己最想做的事。

（2）每天醒来和睡前问自己是否真的需要。

（3）不停地在自己的潜意识中输入达成目标的愿力。

提升愿力的工具：视觉化的梦想板和观想梦想。

1. 视觉化的梦想板

写下自己真正发自内心渴望达成的目标，把与目标相关的梦想图片收集起来，越生动形象越好，最好打印出来，贴在一张白纸上，粘贴在家里或公司工位最显眼的地方。很多心理学家都证明过，把目标视觉化，创造属于自己的梦想板，会激发人们的潜力。

2. 观想梦想

强大的愿力带来行动力。每日清晨都要进行一个仪式：睁开双眼，观想自己最重要的一个梦想，想着梦想的细节，以及实现后自己的状态。

1.2.2　专注力：心力的基本功

我非常认同一句话：专注力是一切学习的基础，是思考一切问题的核心。

1. 在固定的时间和地点做事

在固定的时间和地点做事，大脑会形成条件反射。减少使用意志力做事，减少周围环境的干扰，能够更好地提升专注力。

当你更加专注地做事时，所需要的时间就更少，就能更快地达成目标。当你能明确目标，提前做好时间规划时，就能更加专注地做事，这是一个正向循环。

2. 培养两三个兴趣爱好

一旦发觉自己分心，就立即开启下一项工作，或者做自己喜欢做的事，把做事的心流找回来。比如，我很喜欢精油的味道，也喜欢调制各种精油，在写作进展不下去时，我就去滴几滴精油，涂一涂、抹一抹，闻到熟悉的味道之后整个人的精神又被重新拉回来。所以，要培养两三个兴趣爱好，以便在分心时找回自己。

提升专注力的唯一且有效的方法，就是在实践中不断练习。所以，要有意识地去训练专注力，探索适合自己的做事风格和路径，在实践中不断反馈和调整。

沉浸式地畅游于思想的王国，不受肉身的束缚，既没有重负，也没有困苦，驰骋在一望无垠的思想里，在头脑当中的某一奇妙之处，寻觅到心心念念的幸福。

1.2.3　创造力：心力的表现力

只有自由才能创造，这是语写创始人剑飞老师一直在不断重复提及的理念。只有将生活留白，才会发生更多精彩的故事。

1. 保持一定节奏感的生活

如果将弹簧拉得过于紧绷，它就没有太大弹力，但如果不用一点儿力量拉动弹簧，那弹簧也不会发生任何改变。保持适当的力度、适当的节奏，可以使弹簧发挥出价值。如同我们的生活一样，保持一定的节奏感，可以让我们在生活中更加游刃有余，享受当下的生活，从而能够抓取重点目标，实现愿望。

用第三只眼睛去观察自己一天的生活，了解哪个时间段比较松，哪个时间段比较紧，再进行安排，使生活的节奏感更强，让生活更加充实。

特别是有记录时间习惯的小伙伴，可以每天记录下自己的生活，再去回望自己记录的内容，看看是不是自己想要的节奏感。如果不是，就重新安排，直到找到适合自己的节奏感的生活。

2. 生活的样子都是自主创造的

无论你现在的生活好与坏，都是自我选择的结果，都是自主创造的结果。当下就是最适合自己的状态。

自己想要过什么样的生活，需要不断在头脑中构建，以终为始地去落实。只有想到才能做到。大部分实现了目标或愿望的人，都是先在头脑中构建一幅画面，再具体去践行的。我们的生活会先在头脑中经历第一次，再在现实中经历第二次。

3. 保持包容、开放的心态

保持包容、开放的心态，对于提升创造力有着不可或缺的作用。一个包容、开放的人，吸引来的人也会是包容、开放的，因为同频相吸。想象一下，如果大家在开车时都在马路上不肯让步，拥堵在路口，那么整个场面将非常混乱，导致开车的效率很低。你让一让，别人也让一让，大家互相包容，形成合力，开车的效率会更高，马路也会更畅通。

无论是对于自己还是对于他人，都要保持包容、开放的心态。每个人都有优点和缺点，要善于把自己的长板打造得更长。看待他人的角度不同，看到的结果也会不同。要相信每个人都有自己的长处，都有值得我们学习的点，对他人不要过于苛刻，要挖掘他人身上的闪光点。

4．加强对万事万物的连接

一个生活在当下的人，对万事万物的连接会更加紧密。如果你发现自己最近对身边的人有些疏忽，对自身的感受也有些忽视，就要好好地把注意力拉回当下。一个生活在当下的人，其创造力是非常巨大的，因为他能够顺势而为，把自己想要的东西，通过提升专注力创造出来。

你有多久没好好地闻一下周围空气的味道，倾听一下心脏跳动的声音，真挚地抱一抱和摸一摸自己了？别人是你，你也是别人，我们都是生命的共同体。当你能够与万事万物有更多连接时，你对生命的理解会更深刻，从而活出自己的幸福。不用去攀比，不用去嫉妒，也不用去较真儿，无论什么样的人事物，都要坦然接纳，把它们变成向上的力量。

1.2.4　洞察力：心力的领悟力

电影《教父》中有一句经典台词："在 1 秒内看到本质的人和花半辈子也看不清一件事本质的人，自然是不一样的命运。"

这就是洞察力的威力,那什么是洞察力?简单来说,就是透过表象看本质的能力。

1. 透过表象看本质

和一个洞察力强的人相处会很舒服,因为他会适时地满足你的需求,知道你需要什么,照顾你的情绪。

洞察力强的妈妈对孩子是宽容和了解的,她不仅能看到孩子表面上的需求,更能看到孩子内心里的需求。我家孩子在一岁半的时候,自我意识已经很强,目标感和他爸有一拼,想要的东西一定要争取到。有一次孩子吃零食,吃完了还想要,可已经没有了。看着他那伤心的小眼神,我知道他是被零食勾起了"馋虫",于是问孩子吃一点儿苹果行不行,他点头。吃到苹果,满足了口腹之欲,他心满意足地亲了我的额头一口。

有时孩子不是无理取闹,而是控制不住内心的渴望,也表达不清楚。大人都有可能因为馋嘴而停不下嘴巴,更何况孩子。我们要看到他人内心里的需求,并及时满足。

2. 用洞察力预测趋势

事物之间的联系,无论你能否看见,它们都真实存在,就好像市场这只看不见的手。

一个人的洞察力如何，决定了他的人生高度。

在机会来临之前，要看得更远；在机会来临之时，要及时抓住机会，为日后取得成果做铺垫。洞察力的背后是一个体系在支撑，如同你所做出的决定，是背后的动机和价值观共同作用下的结果。

也许你听过非洲卖鞋的故事。一位公司总裁派推销员到非洲去调查市场。第一位推销员回复：非洲人不穿鞋，没有市场。第二位推销员说：非洲人不穿鞋，市场巨大。两个人的洞察力天差地别：一个人以消极的心态出发，目光短浅，丢失了机会；另一个人以积极的心态出发，看到市场的巨大潜力。

只要保持积极的心态，哪怕遇到困难，也可以有预测方案，这样做事就不会慌。

3. 越洞察，越有同理心

同理心，就是换位思考，理解他人。概括来说，就是在人际交往的过程中，能够体会他人的情绪和想法，理解他人的立场和感受，并站在他人的角度思考和处理问题。

洞察得越深，同理心越强。举个例子，工作一天的老公回到家里，因为在公司遇到了一些麻烦，所以现在只想躺在沙发上休息。不料老婆却因为孩子今天在学校没做好作业而遭到班主任问责的事情，在老公面前喋喋不休。老公的情绪达到了临界点，突然对老婆发火，老婆也不甘示弱，两人吵了一架，之后一直处于冷战状态，家庭氛围降到了冰点。

如果当时老婆能换位思考，虽然自己因为孩子的事情心情不是那么美丽，但是看到老公愁眉苦脸，有些疲倦，能体谅老公的难处，主动带着孩子到房间玩耍，给老公一个独处的空间，这样两人的关系会更和睦，家庭也会更幸福。等到老公愿意对话时，可以给他一剂"强心针"，这时老公也会对老婆更加信任，并从低迷的情绪中走出来。

同样，如果当时老公能站在老婆的立场，暂时放下自己的负面情绪，协助老婆处理好孩子的事情，过后再向老婆诉诉苦，表达一下自己的难处，相信老婆也一定能体谅老公。

无论发生什么事,只要家人健康、家庭幸福,其他都是小事。

拥有洞察的心,遇见幸福的人。通过日常训练洞察力,我们可以变得富有同理心。

1.3 提升心力，比什么都重要

心力指的是精神和体力，简单来说就是心的力量。

人类身体的本质是能量的载体，是能量运行的机器。要想过得圆满自在、快乐富足，就需要不断开发身体中的能量，挖掘内在的能量宝藏。该如何有效地开发能量？主要通过内在和外在两个方面。通过内在挖掘能量，核心是开发心力。当有源源不断的心力供给时，人的生命之花就会绽放。

1.3.1 通过内在挖掘能量

万事万物都是由能量组成的。人、杯子、椅子、车子等都是由能量组成的实体。你生气，是把生气的能量聚集在一起；你快乐，是把快乐的能量聚集在一起。

我们可以随时转化能量，以面对生活。如果你能够把生气的能量转化成快乐的能量，那说明你做得很不错。如果还不能做到，就要往这个方向努力。毕竟我们在人世间生活，是为了获得健康的身体和幸福的人生。

父母时常会跟孩子一起互动，孩子的喜怒哀乐会影响父母的心情。同样，父母对孩子的态度也会影响父母的心情，这其实就是孩子的能量返回到了父母身上。当你开心地对着孩子时，开心的能量会返回到你身上。一旦你对孩子怒吼，对他生气，生气的能量也会返回到你身上。

因此，无论发生什么事情，要想到最后的结果，是想要生气收尾，还是想要快乐收尾。包括我们对其他人事物的反应，最后的结果也会返回到我们身上，所以我们要好好对待周围的人事物。要想提升心力、开发能量，就要主动给周围的人事物更多的心力补充和能量补给，这样最后会发现自己的心力变强了，能量也更多了。

我也不知道是不是因为我经常会做这样一件事，使我种下了好的种子。走在路上，我会有意识地给周围的人补给能量，想象着从我的眉心处向陌生人的眉心处输送能量。特别是在医院里面，我常常会这样幻想，让病人减轻痛苦。先不管这样的举动是不是真的有效，但是就在我做的那一瞬间，我的内心处于愉悦的状态，我觉得就够了。因为我相信我们的能量可以净化周围的一切，特别是用爱的能量给周围的人播撒爱的种子，这种主动做的举动，会让我觉得幸福。

如果你觉得自己没办法做任何事情，就微笑待人吧。笑着笑着，你的内心就会更柔软，别人对你的微笑也会变多，你会发现自己的生活状态也因此变得越来越好。每个人都有微笑的能力，就看你愿不愿意去体验，让微笑出现在你的生命中。就如同每个人都有让自己幸福的能力，就看你是选择体验幸福，还是选择体验痛苦。

我们生活在一个大的能量场中，每个人绝不是独立的个体，而仅是宇宙的一小部分。只有意识到别人就是自己，自己就是别人，才能更好地认识自己。我们无法从自己身上认识自己，只有站在他人的立场，才能更好地认识自己。每个人皆用触觉、听觉、嗅觉、视觉、味觉等去感受万事万物，由于我们的感觉器官具有局限性，所以我们触碰到的世界也有局限性。但心智是无限的，是时候该停下来，好好寻找自己的内在灵魂，聆听自己的感受了。

1. 从能量层面来支撑

吸收高频能量、家族能量、系统能量、天地间自然万物的能量，用清澈纯净的能量不断养护心脏这个"蓄能池"。

那该如何吸收这四种能量呢？

高频能量：冥想和深呼吸，保持对人事物的感恩，爱自己并温柔地对待自己，少用评判的态度，建立积极的人生观和价值观，微笑面对他人，看到每个人存在的意义，连接高维导师。

家族能量：礼貌对待亲戚朋友，对家人说好话，正话正说，正确看待自己和家人的想法，尊重家人的做法。

系统能量：与充满乐观和爱的人相处，保证充足的睡眠和休息时间，听轻松舒缓的音乐，看有启发意义的电影和纪录片，吃新鲜的瓜果蔬菜。

天地间自然万物的能量：享受阳光并呼吸新鲜空气，爱护花草树木和动物，静静欣赏潮起潮落，徜徉在大自然中。

正向的家族能量养人。人需要得到家族能量的"庇佑"，如果没有这种能量的加持，只靠自己一个人的能量，那你的一生会过得很辛苦。想想看，一个年轻人在外打拼，遇到了一些挫折，思前想后决定打电话向父母倾诉一下，希望得到父母的支持，但父母并不理解年轻人的困难，反而向他泼冷水。连最亲的父母都没能给予他精神支持，你说这个年轻人会不会对人生很失望。而如果打电话过去，虽然父母只是静静地倾听年轻人的困难，没有给太多建议，但表示哪怕再难，父母都是他的坚强后盾，你说结果会怎样。

我们常以"血脉相连"来形容父母与孩子之间的关系，这本身就是家族能量的体现。血缘关系使父母与孩子之间形成了一种独特的能量连接，这种能量连接不受时间和空间的限制，能使孩子体会到父母的爱。

当然，如果父母与孩子之间的能量流动受到阻碍，就会导致家族能量流动不畅。长此以往，孩子就会感觉缺乏爱，甚至陷入心理困境，产生恐惧、无助、自卑等情绪。如果不能及时疏通家族能量，使之正常流动，孩子就可能出现性格缺陷、交往障碍等状况。

因此，每个人都有义务疏通家族能量。只有当缺失的家族能量得到补充时，孩子才能感受到爱，才能更好地生活。

2. 觉察自己的起心动念

真正的道场不是寺庙，不是佛堂，而是每一个当下的存在和每一个念头。通过训练觉察能力，我们可以快速捕捉到自己的情绪，觉察到情绪背后的起心动念。比如，当你对他人产生厌恶、愤怒的负面情绪时，可以觉察到情绪背后的起心动念是什么，是傲慢、自以为是，还是需要得到别人的关注和认可。

有一次有人吩咐我做事，我没有给到他满意的答复，听着对方的唠叨，我的内心十分愤怒，想要把责任推给别人，但也看到了自己想要得到别人认可的急切心态。

觉察到情绪背后的起心动念后，应立即止语。当你心中愤愤不平时，止语是最好的手段，避免再次伤害自己和他人。同时，可以在语写时深入剖析，以免下次出现同样的情况，走上老路。要时不时拆解自己背后的需求，给心松松绑，释放内心的力量。

除了止语，还要培养爱的力量，也就是学会感恩。感恩是快速补给能量的好办法，感恩可以唤醒爱的力量。一个不懂得感恩的人，他的路会越走越窄。在你学会了感恩后，就打开了新的大门，四面八方的人脉资源就会向你聚集。越来越多的人加入写感恩日记的行列，这是幸福的征兆。

稻盛和夫说过："人生是为心的修行而设立的道场。"终其一生，我们都在不断地修炼灵魂、磨炼心智、完善自我。在现实中，我们所经历的每一件事，遇见的每一个人，遭受的每一次苦难，都是一场对自我的修行。

只有不断地在事上练，才能修炼成我们想要的模样，收获属于我们的财富。正如稻盛和夫所说：

> 人生的阴晴之分，不是幸运和不幸运，而是取决于自己的内心。在困境中绝不能放弃希望，在取得成功的时候，更需要持有一颗感恩之心、谦虚之心，必须时刻竭尽所能进取向上。人如果认识到了这一点，就能改变自己的命运。

3. 通过身体安住心

行动是把心安在当下的最佳方法。大脑中的念头无时无刻不在运动，我们不能让自己困于其中。只要采取一点点行动，即使只是动动嘴巴、挥挥手，就能回到当下，察觉自己的状态，心也在这一刻被安在当下。在进行语写训练时，最开始都是让大家练习将自己的嘴巴持续动起来，要看到自己的嘴巴在动，听到自己的声音在响。

说话时好好说话，吃饭时好好吃饭，走路时好好走路。不管做任何事情，都要将心启动。尤其是在与他人交流和沟通时，他人有没有好好倾听，其行为是能够给我们反馈的，有时候无声的语言胜过有声的语言。

心只有被持续地开发和建设，才会变得越来越强大。如果你觉得当下的生活毫无波澜，就用手摸着心房处，轻轻闭上眼睛，用真挚的声音问自己的内心："我想要活出什么样的人生？对我来说什么才是最重要的？"我相信心会给你一些回应。

通过不断践行，你的能量将得到提升，你的生活将变得越来越饱满，你也会更享受当下。

1.3.2　通过外在提升能量

1. 身体运动，能量流动

我时常跟周边的朋友分享，如果你发现自己最近能量不够，有些心力不足，最好、最快的改善方式就是运动。只要让身体动起来，整个人的能量就会随之提升。俗话说，生命在于运动，其本质就是通过运动带动能量流动。

让身体动起来的方法有很多，有的人会选择户外跑步，有的人会选择做瑜伽，有的人会选择打羽毛球、篮球、乒乓球等。如果你不想那么麻烦，就让自己的身体动一动，拉伸一下，做几组蹲起。我日常做的运动非常简单，就是丁愚仁老师倡导的跺脚和拍打。跺脚的具体做法是两只脚平行于地面上下动，利用大地的反作用力冲击腿部。拍打没有具体做法，想拍哪里就拍哪里。特别是晕车的小伙伴，轻拍百会穴，很快就会有效果，不再晕车。

运动可以疏通身体的堵塞处，将负面情绪和负能量通通清理掉。当身体在运动时，能量也在流动，这样体内的能量就能够得到有效的开发。有一次我的心情不是特别好，可在当时的场景下又不想用跺脚和拍打的方式，于是尝试在床上呈猫式的跪姿，慢慢地转动胯部。不知道在何时，我的胯部自动加快了转动速度。等到停下来后，我感觉自己体内的能量噌噌上涨，心情也放松了很多，一下子感觉自己很轻盈。稍做休息后，我让心也参与进来，一边转动着胯部，一边用心看着自己的动作，想象着体内的能量自由流动，连接身体的各个部位。结束后整个人心胸开阔，吃饭更香了，干活更有劲了。

2. 通过呼吸调节能量

人真的很神奇，因为有一口气在，所以我们能够活在世上。虽然每个人都会呼吸，但有的人用的是胸式呼吸，有的人用的是腹式呼吸，两种呼吸方法吸入的氧气层次不同，发挥的效果也不同。在去专业的瑜伽馆、健身馆之前，我都不知道自己的呼吸如此浅，后来经过慢慢训练和调整，我能够找到一点儿腹式呼吸的感觉，但需要刻意练习。这里提供三种找到腹式呼吸感觉的方法，可以想象自己在吹蜡烛，或者闻花香，或者说悄悄话。

练习对自己的气息进行掌控，可以使我们说的话更加饱含情感，这也是在启动能量，通过内在的呼吸系统与世界相连。

3. 眼耳口鼻训练法

你所看到、听到和闻到的世界，就是你所关注的世界。积极的人会更关注积极的人事物，消极的人会更关注消极的人事物。生活中的任何苦难都阻止不了一个想要变得更好的人，困难会有，但不会困难一辈子。如果真的困难一辈子，那也是自己选择的道路。生活是一体两面的，你选择什么道路就会成为什么样的人。

下面介绍一种眼耳口鼻训练法，帮你成为积极的人。

眼：将自己的目光放在更积极的画面中，少接触负面的消息，少看负面的新闻和视频。看看花海、草地、大海等，给眼睛做一次深度按摩。

耳：通过聆听更美妙的音乐，来感受生活的美好。多听一些智慧的音频，以及成功人士的箴言。

口：坚持每日语写，多说积极的话语，赞美他人，减少负面的语言，特别是生气和抱怨的话。坚持 30 天不抱怨，建立新的潜意识程序。多吃有爱心和认真做饭的人做的饭菜，感恩吃进肚子里的饭菜，用心朗读诗歌和高频文字。

鼻：可以闻精油的味道，点燃香薰蜡烛，喷淡淡的香水，体会美妙的时刻。多练习深呼吸，学习腹式呼吸，以吸入更多的氧气，提神醒脑。

坚持每日语写，也许这件事在你的日常生活中没起到什么作用，但等到一些关键节点，内心自然会给你回应，这时以前写下的文字就会指引着大方向，对你极其有用。你要先接受当下的生活状态，包括家庭、工作、地位、财富、人际关系、行为模式、思想等，之后你会发现随着日常点点滴滴的抒发与记录，自己能够看到以前的种种行为带来的结果是什么，这样你就能更好地从此地出发，一步步走得更有力。

只要此时此刻你觉得自己的人生在未来一定会发生改变，就已经迈出了一大步，而努力不会被辜负，成长自然来。

4. 行动带动思考

在写这本书时，我得到灵感，从刚开始只想到"写作飞轮"，但对这个"轮子"到底会发展成什么样没有特别清晰的认知，到后面慢慢拨开云雾。这有点像在有雾的路上开车，虽然只能看到前面的50米，但并不妨碍我继续前进，走好这前面的50米。

> 想做的事冥冥之中已经在无意识地做之前想过，比如想象当有一天自己真的死去的时候，能在自己的地盘里留下些什么。在这里写的东西都将被永久保存下来，而且会越积越多。如果能够写到一定程度出自己的书，就更加不可思议了，那也是我前进的方向，因为我想留下属于自己的东西。
>
> ——2014年12月12日

当我回头去看以前留下的文字时，发现早已种下了写书的种子。因为想要写得更好，以便能帮助到妈妈们，所以我在写作的过程中萌生了去采访 20 位妈妈，真真切切地走近她们，倾听她们的故事，让她们打开心扉的想法。当然，如果你不喜欢用写作的方式留下你的人生轨迹和你的思想，那接下来也不必再看，可以把这本书扔到一边了。每个人都有选择的权利，选择用什么样的方式活着，以及用什么样的方式留存自己的经历。

长期固定在一个地方，能量是不流动的，只有让身体动起来，能量才会流动。身体运动，思维也会跟着转动。无论是与书籍的作者进行思想交流，还是与他人进行面对面的交流，都是能量流动的过程。语写也是一项运动，它能够通过动嘴并配合呼吸，让身心合一，促成心流的产生。人在手舞足蹈时，说话的声音会变得高亢，说话的速度会变得更快。

5. 热爱是心力的"增大器"

以前在一档节目中看到过舞蹈家杨丽萍在跳《雀之灵》。只见她随着音乐慢慢起舞，享受着音乐和舞蹈带来的欢乐，沉醉在舞蹈中，沉浸在自己的世界里。她把最美的舞姿展现出来，像一只在空中展翅的孔雀，每个转身、每个拉伸，收拢、起跳，都额外动人。舞蹈是美丽的，尤其是对一个热爱它的人来说，舞蹈就是自己的灵魂。

热爱与大自然亲近，与各种事物相接触的状态，是那么美妙的一种表达。每个极致、真诚地追求自己梦想的人，都是值得敬佩的。每个舞者都拥有一颗勇敢的心，我相信每个舞蹈动作都有自己的语言，每个手势或眼神都蕴含着无限的情感。其实，无论是舞蹈、音乐，还是语言、文字，都有自己所要表达的意义，只要你把它们当成自己的灵魂来对待，就能从中体会到快乐。在我的脑海里，语写也是一门艺术。通过嘴巴吐露出来的话语、展现出来的文字，代表着一个人"飞舞"的思想。

热爱着热爱，它会让人变美好。

有一次，我的另一半说，每个人吃的东西都是有限的。我在想，天啊，像我这么喜欢吃的人，怎么能够管得了自己的嘴巴！每次尝到美食，我全身的细胞都在"舞动"，那种感觉不亚于中彩票。尽管我已经补了多颗牙，但上次我又把自己的牙齿给咬断了，还是管不住自己的嘴巴，该怎么办？只要在我面前有美食，我的嘴巴就痒痒的，受不了诱惑。吃到美食之后，我的心中会无比欢愉。目前对我来说美食是重要的，它能让我提升心力，更热爱生活。

总之，不管是美食还是其他什么，只要能找到自己热爱的东西，就能提升自己的心力，让生命之花绽放得更加绚丽多彩。

1.4 提升心力的最小一环,也是最后一环

前面讲到拥有强大心力和提升心力的方法,有愿力、专注力、创造力和洞察力方面的方法,也有内在和外在的方法。但如果你通通做不到,那怎么办?难道就放弃了吗?不,你还有最后一招:找到一件喜欢的小事,开始行动。

哪怕是一件很小的事,比如每天早晨起床后喝一杯水。要把这件事当成非常重要的一个环节,把它记录下来并视觉化,让别人知道你一直在做这件事,以及这件事对你的作用。

之后,通过你的信念将这件事传递给别人,让别人也行动起来,而且受益。这样下去,你会得到正向的反馈,这件事让你非常开心和快乐,你的内心就会得到满足,心力也会因此得到提升。在内心燃烧,有了被点燃的动力之后,你的轮子就会慢慢地转动起来,推动着你向前。

找到一件自己喜欢的小事,这个支点会撬动你的生活,让你的生活发生改变。不要小看这个支点,阿基米德说过:给我一个支点,我就能撬动地球。每个人都必须找到这件自己喜欢的小事。如果你没有找到,那你现在就应该去寻找。如果最后

发现自己真的什么都不喜欢，就在几件事中进行比较，从中选择自己更能接受的那件事。不要再给自己找任何借口，只要你想做，就能找到它。

如果实在找不到，那还有最后一个撒手锏：玩"假装喜欢"的游戏。人类最喜欢玩游戏，大脑也喜欢更加刺激、好玩的方法。既然觉得生活平平无奇，没有任何波澜，就选择一件假装喜欢的事，做下去。比如，假装喜欢吃饭，这够简单吧。每个人都需要吃饭，假装喜欢吃饭，吃出饭里的味道，吃出背后做饭的人的感受和情绪，吃出每道菜的程序，让自己成为一位美食情绪家。

还可以玩假装喜欢画画的游戏，不会画就先模仿，力求画得像，再练得更加熟练，最后创新。有一次我生病了，在家里无聊，偶然看到一位老师在画画，以前从没有画过画的我，突然也想画画。于是，我买了画笔和水彩纸，就这样画了100多张画，先跟着老师模仿，找到乐趣后，再到大自然中寻找景色写生。

任何事情都要经历从"不会"到"会"的过程，所以我在这里再次强调，只需要找到一件让你觉得可以做的小事，去做就行了。

第 2 章　情绪

2.1 破解情绪的多面性
2.2 准确移情
2.3 做情绪的主人

2.1 破解情绪的多面性

情绪是人类拥有的一项不可思议的技能。想想自己的情绪，每个人既有好的情绪，也有不好的情绪，你很清楚两者的不同。比如，心情沉重、生气，这类情绪不能让你积极向上，所以这些都是不好的情绪。换个角度来说，这些都是不良频率。

想象一下，要是每天都有好的情绪该多好。如果每天都活在好的情绪中，让你愉快的事就会被吸引到你身上。心情是一个很好的回馈机制。如果心情好，每天积极向上，你就能为自己创造一个理想的人生；如果心情不好，日子一天天地过，那你可能得不到圆满的人生。吸引力定律每分每秒都在发挥作用，每个念头、每种情绪都在创造你的未来。如果你生活在担心和害怕中，就会把更多的担心和害怕吸引到你的生活里。你此刻的想法和感觉正在创造你的未来。

情绪有很多种，人类给各种情绪都下了定义，以便交流更高效、定位更准确。不同的情绪有各自的作用，用好情绪，助力前行。

2.1.1　本能脑、情绪脑和大脑皮层

了解如何运用大脑，可以更加省力地为我们提供更多能量，了解大脑运作的基本原理，对提升自己和帮助他人都大有益处。

人类有三层大脑，它们功能各异，一层包裹着一层。第一层大脑是本能脑，位于大脑的最里层，是非常古老的一层大脑。无论是古老的爬行动物，还是直立行走的人类，都拥有本能脑。本能脑也称爬虫脑。

本能脑的主要功能是保证身体安全。比如，我们在被火烫到的时候，会立即把手缩回来，这是本能脑在发挥作用。

当我们的生命受到威胁时，本能脑能够快速地做出反应，有时候甚至比意识还要快。当然，本能脑有时候也会犯错误，会混淆假想的威胁和现实的危险。比如，有一些刚退伍的老兵，由于之前长期处于高度警惕的状态，突然回到和谐放松的环境

中，即使听到汽车的鸣笛声也会有身体反应，启动战斗或逃跑的反应模式，这就是本能脑冲出来在保护他们的身体。

第二层大脑是情绪脑，是大脑的边缘系统。所有的哺乳动物都有情绪脑，能够把爱、愤怒、害怕等情绪带到行动中。情绪脑也会给哺乳动物带来情绪化的生活，如我们会受到情绪脑的控制。

本能脑和情绪脑有很长的协作史，可以密切地配合，两者共同连接身体意识和情绪意识。情绪脑会把过去学到的东西和当下体会到的东西结合起来，但不会想到将来和长远的结果。

情绪脑的第一个特征是调取记忆的方式是由内而外的。换句话说，它会投入所有的记忆，就像那些事情正在重演一样。比如，在语写时写到过去，当你回忆某一个场景时，情绪脑就会立刻把以前的种种记忆调取出来，让你重新体会当时的感觉，重新经历那些事情，种种情绪也会涌上心头。

情绪脑的第二个特征是喜欢让事物维持原样，也就是创造一种维持长久习惯的强烈意愿。当你感觉到对变化的抵制时，就是情绪脑在控制你的思维。

为什么很多人想要变化，但又不能很好地改变，其实就是受到了情绪脑的控制。当自己设想的事情不能完成时，如又一次对孩子大吼或跟其他人起冲突，事情的发展不能如你所愿，这时你的情绪脑就会站出来，让你陷入原有的情绪模式。

情绪脑的第三个特征是考虑问题的方式"非黑即白"。在情绪脑中，只有"是"或"否"、"对"或"错"、"这个"或"那个"，没有灰色地带或阴影地带，黑就是黑，白就是白。大家在跟人打交道的时候是否遇到过这样一类人，他们认为对就是对，错就是错，没有其他的选项，好像脑子里没有第三个回路一样。

作为一种习惯性的系统，情绪脑关注的是此时此景，关注的是当下和当下的欲望。所以，比起漫长的减肥，还不如直接吃好吃的炸薯条、巧克力等食物，这就是受到了情绪脑的控制。那如何克服情绪脑的惯性，获得自己想要的东西呢？这才是我要分享的重点，答案就是要充分运用大脑皮层的力量，也就是第三层大脑。

为了聚焦未来、完成计划、实现目标，你需要运用大脑皮层中的左脑或右脑系统的视觉想象能力。视觉化的大脑皮层的一个重要优势就是视觉规划和系统观察，或者说是全局观。

和情绪脑投入过去的记忆不同，大脑皮层通过分离的图景来思考。也就是说，情绪脑是停留在过去的，它不想改变，只要做好当下的事就可以了，它只享受当下的快乐。但大脑皮层会运用它的视觉化功能，想象并考虑很多种生活方式，以便做出最佳选择。这就好像拍电影，我们是自己生活中的导演。

在大脑皮层的作用下，你能够在头脑中一遍遍地排演，所有的事都先在脑子里发生，再在现实中发生。这也是我一直强调语写一定要聚焦的原因。只要你对未来的各种场景描述得比较细致，你的大脑就会听你的，你的身体也会调动力量，助力你完成目标。

现在你已经知道了自己的大脑结构，也知道了在做事时要尽量发挥大脑皮层的作用，减少情绪脑的控制。只要照此做，你实现目标的可能性就会大大提升。

2.1.2　情绪的正向价值

一个人的情绪，无论是正面的还是负面的，都是有价值的。

我们当然希望自己每天都开心、能量满满、乐观向上，但世间万物都要遵循能量守恒定律，有正向就有负向。积极的人和消极的人的发展方向及人生结果都不一样。

负面情绪的背后潜藏着渴望和动机。每个人都有情绪，当自己的心态不稳定时，就很容易受到情绪的左右。那些不愉快的、不喜欢的情绪，通常被称为负面情绪，但其实并没有什么真正的负面情绪。每种情绪都是一种语言，都是带着信息来与你沟通的，其背后都藏着礼物。

情绪是"送信人"，每封信都来自你的内心深处。如果和你无关，那信不会被送到你家门口。只要你好好收下这封信，理解这封信，"送信人"就会离开。相反，如果你关门不接待这个"送信人"，它就会一次次地不请自来。就像送快递的过程：如果你没收到这个重要的包裹，快递员就得一趟趟地送，或者一遍遍地给你打电话，直到你签收。

情绪越激烈，表明其包含的信息越重要。如果你不接受、不解读它，它就会反复出现。所以，如果你处于负面情绪中，感觉自己很情绪化，先不要自我批判和自我谴责，静下心来听听内心的反馈。

负面情绪是一种行动信号，一旦你感觉愤怒或生气，就知道应该采取哪些行动来疏通。打开语写软件，快速释放情绪，解读信息，轻松上阵，这是"语写人"行之有效且成本极低的实践方法。

2.1.3　情绪火车

从 2014 年大学毕业之后，我就给自己定下规矩，要成长，特别是心智要成长。到了 2022 年，走过 8 年的时间，回望过去的种种经历，虽谈不上获得了非常大的成就，但在情绪和看问题的角度上，我认为自己发生了质的变化。以前的自己都是被困在情绪里出不来，表面波澜不惊，背后波涛汹涌，而且无法意识到自己已经被情绪操控，只要碰到困难就会退缩和逃避，然后不断攻击自己、否定自己、怀疑自己。

现在经过看书，接触有智慧的人，以及不断用语写的方式回看自身，整个人的情绪波动已经没有那么强烈，也能把各种困难当成体验，心态变得更加平稳。

直到孩子快两岁时，他的自我意识越来越强，在和他碰撞的过程中，我的情绪又产生了较大的波动，但幅度比以前小得多。有一段时间，孩子的情绪一点就爆，虽然我会安慰他，但内心是无助的，我不知道该怎么办。精力足一些还能应付，精力稍微差一点儿，孩子闹脾气，我也会对他发火，最后的结果就是自责为什么要这样对待孩子。

后来，我决心要改变，无论孩子处于什么阶段，我都要做好自己，摆正心态。于是每次情绪一来，心中燃起一团火，我就和孩子说："妈妈的'情绪火车'来了，宝宝刚才发火、闹脾气，也是'情绪火车'来了。"通过一次次重复，不说对孩子起到的作用，至少对我来说是一个很好的提醒。我发现自从自己使用"情绪火车"的提示之后，自责的次数减少很多，而且对自我的觉察更深了一步。

2.1.4 思维决定情绪

美国心理学家艾利斯创立了一种经典理论，叫作情绪 ABC 理论。在该理论中，A 代表外部事件（Activating Event），C 代表结果（Consequence），即对外部事件产生的情绪或行为，B 代表人对外部事件的解释，即人关于所经历事件的主观意识或潜意识的"信念"（Belief）。

我们的情绪与发生的事情无关，而与我们如何看待这件事情有关。生气的表象是实际和内心有了摩擦、起了冲突，核心是需求没有得到满足。很多人都误认为是发生的事情让自己生气，所以经常听到这样一句话：你这样做让我很生气和愤怒。实际上，别人是怎么做的不是让我们生气的直接原因，我们生气的直接原因是自己如何看待别人做的这件事，即对于别人做的这件事，我们大脑的反应机制处理的结果是"生气"。简单一点儿说，对于同一件事，你会生气，但其他人不会生气，那是因为你的思想解读让你产生了生气的情绪。

思维是怎样呈现的，决定了我们的内在信念是怎样的。任何外部事件都能通过思维的转换，不断加强我们的固有信念，或者打破一些信念，使我们的情绪发生变化。所以，外部事件本身并不重要，其在我们头脑中的解读才更重要。

任何事情都是一体两面的，甚至有些是一体多面的。我们的解读是好的，行为也会往好的方向走；我们的解读是坏的，行为也会跟着变形。这里有一个关键点，就是如何改变我们的思维，把它放在好的方向上。刚开始确实不太容易做到，特别是没有经过训练的人。我们会习惯性地被旧有的观念扯着做事，而且不易发现。现在好了，把情绪作为警报器，无论是好的情绪还是坏的情绪，我们都可以把它当成内在信念的反射镜，之后通过刻意训练，调整自我信念。

情绪是可以选择的，只要你愿意，就可以选择积极的情绪，而不是整天把自己当成情绪的受害者，自怨自艾。那怎样更好地调整情绪呢？

第一，产生消极的情绪之后，先进行分析和解剖。思考一系列问题：到底发生了什么事情，让自己的情绪有波动？当下的感受如何？为什么会有这样的看法和解读？涉及的以前的信念有什么？之前有没有发生过相关的情况？再还原和回顾刚才发生的场景并一一记录。

第二，找出决定情绪因素的信念，尝试用另一种信念代替它。比如，原先的信念是做个乖乖女才是孝敬父母，但这样父母开心，孩子却可能受委屈。可以替换信念为，做个有独立人格的人，父母才更放心，才是孝敬父母。不要一味压抑自己满足他人的需求，而要力求达到共赢。你好，我好，大家才会好。

第三，只有不断进行有意识的练习，才能更有效地控制大脑。这是一个长期的过程，刚开始都会有反弹，会陷入旧有的思维模式，被下意识的情绪所左右。这时，要跟自己说，没关系，这是一次练习的机会，也是一次看见自己的机会。

2.2 准确移情

2.2.1 观察自己

情绪会来，也会走，不用过多干涉，但我们可以把每次情绪发生的节点记录下来，以便下一次更好地应对。以前的我爱生气，动不动就生闷气，把自己憋得十分难受，还觉得别人亏欠自己。殊不知，这其实是把自己困在了情绪的小屋里出不来。看穿情绪的真面目，最简单的一招就是观察自己的身体。一旦有情绪，就马上了解身体到底哪里不舒服。了解到身体不舒服的位置，问问它：怎样才能让你舒服一些呢？它会给出答案，跟着这个答案做就行了。

2.2.2 取悦自己

身体的不舒服解决以后，接下来就是悦心了。我最常用的方法就是语写和阅读。大家也可以根据自己的兴趣爱好，挑选一件可以立即行动的事，让自己沉浸其中，让心安静下来。有的人喜欢唱歌，有的人喜欢跳舞，有的人喜欢吃一顿大餐，这些都可以，重点是让自己开心。

2.2.3 思考并行动

身体舒服，心也舒畅之后，就要分析情绪，思考面对情绪时的多种应对方式，以便更好地掌控情绪，和情绪做朋友。思考过后就可以采取行动。先行动一次，看看效果如何，再进行调整。通过行动反馈给自己正能量，告诉自己有能力掌控情绪，不要做情绪的奴隶，让自己感受到自己有力量做出决策并行动。哪怕结果不是很好，也要给自己好的心理暗示：我在不断追求进步。这种方式可以支撑我们走得越来越远。

2.3 做情绪的主人

2.3.1 适合的睡眠时间带来好情绪

你了解自己的睡眠类型吗？你是一个喜欢早起的人，还是一个喜欢晚睡的人？你有没有遇到过睡太多反而整个人的状态不佳的情况？每个人的睡眠节奏在不同的人生阶段会产生不同的效果。我在高中和大学阶段是喜欢早起的人，因为要上学，所以养成了早起的习惯。等到出来工作后，我的睡眠节奏就被打乱了，晚上到了一两点才会睡觉，早上到了八九点才肯起床，整个人感觉非常累，没有太多活力。

一个晚睡型的人，晚上喜欢熬夜，早上需要用闹钟叫醒，在白天会稍微进行午休，等到周末大睡一觉，以为这样就可以补充工作日缺乏的睡眠。就这样，整个人陷入了"晚睡—晚起—周末大睡"的恶性循环。当然，不排除一个晚睡型的人每天也能早起，并且不需要补觉也能精神满满的情况，而且大有人在，但这里讨论的并非这种人。而一个早起型的人，早早就呼吸到了新鲜空气，感受到了宁静时刻，一觉睡到自然醒，不用闹钟，白天身体不会感觉太疲惫，有充分的精力做事，晚上到点了身体就会催他入眠。

我发现我是典型的晚睡型的人，而且是那种处于恶性循环状态的人，我的另一半却是典型的早起型的人。经过慢慢调整，现在我成为半个早起型的人。之所以说是"半个"，是因为我白天仍需要补觉，而且有时候注意力不是特别集中。

搞清楚自己属于哪种睡眠类型，根据睡眠类型调整时间，以便拥有更好的情绪面对生活，这是一个长期的过程。让一个晚睡型的人一下子早起，他的身体会做出很大的反抗，整个人的情绪也会有波动。可以先早睡 15 分钟，早起 15 分钟，经过一个月的练习，等到稳定下来之后，再慢慢进行较大调整。同时，不断给自己输入"早起有多么好"的观念，如早起能获得不一样的体验等。

2.3.2　预防大于治疗

不要等到情绪爆发才去解决，而要在日常生活中就想着如何预防情绪爆发。有情绪是非常正常的，但有的人在面对情绪时会被其牵着鼻子走，而有的人可以利用情绪更上一层楼。

在日常生活中，要多进行情绪的疏导，不要把太多的事情积累到一起，使小事情积累成大事情，小情绪积累成大情绪。要给自己的"情绪杯"蓄满爱的力量。为什么每天进行 1 小时的语写训练能够缓解情绪和治愈自我？因为如果我们每天都能看见自己缓解焦虑的过程，感受到对自我的肯定，那我们的自信心就会变强。

坏情绪得到缓解之后，我们就会拥有更多的力量。大部分人每天担忧的事情，绝大部分不会发生，但这些事情在头脑中不断地缠绕，就会造成身心消耗。我们应该多想一些解决方案，而不是思考如何扩大事情的消极影响面，自己吓自己。把想法转化成行动，你会发现收获的比想象的要多很多。

多找一些志同道合的积极伙伴是一种不错的预防方式。可以是因为喜欢阅读而一起读一本书，互相交流想法和探讨心得，也可以是因为喜欢艺术而一起绘画或插花等。总之，找到一两个兴趣圈子并参与进去，让自己的心情舒畅，感受到世间的美好。当自己的周围充满美好的事物时，就不会理会那些不好的消息了。

睡眠也是一种不可忽视的预防方式。一个人的睡眠质量不好，体内激素就会不平衡，久而久之就会有情绪。前面说到了关于睡眠的好处，可以根据自身的情况安排睡眠时间，给自己充充电。

学会享受生活，让自己静下来。静能生慧，这是老祖宗的智慧。你有多久没好好地看看自己的脸，看看家人的脸，看看周围的花草树木，看看天空了？这才是真实的生活。

2.3.3　播撒好情绪的种子

多多播撒好情绪的种子，学会对自己微笑，对他人微笑。日常生活节奏太快，世间纷纷扰扰，我们已经习惯了木然地对待他人，没有走心，内心自然也不会真正快乐。

可以尝试用假装的方式，先假装微笑，笑着笑着也就变成真的了。或者练习说"引"字，学着微笑。这是第三届中国金话筒金奖获得者殷亚敏老师给的建议，我尝试过后发现非常容易做，大家也可以跟着做，在等人、发呆的时间都可以练习。

好情绪，带来好人生。

第 3 章 关系

3.1 幸福掌握在自己手中
3.2 心智层级越高,人生越幸福
3.3 如何修炼心智模式
3.4 人际关系地图

3.1 幸福掌握在自己手中

下面这段话再次验证了文字对我们的重要性,这是头脑比不过的。及时记录生活中的点滴,特别是当下的感觉,这比任何东西都珍贵。

这是我妈妈反对我和湖南的男朋友在一起时,我和男朋友之间的一次对话。

> 麦:如果有情人不能终成眷属,那会怎么样?
> 胡:那我就不相信爱情了。
> 麦:不是,我妈妈说我不能和大我三岁或大我六岁的人在一起。
> 胡:天!没有三岁,我只比你大两岁多一点儿,我是四月生的,你是二月生的。
> 麦:那这也算是三岁了。
> 胡:规则是由我们来定的,信则有,不信则无。有个女孩的妈妈说她不能和大她三岁或大她六岁的人在一起,我不信。但这是两个人的事情,也得考虑你信不信,信则有,不信则无。
> 麦:我有点信,也有点不信。
> 胡:先建立这样的意识——不信,到时候再用数

> 据证明该命题成立。老一辈人说的话可能是依据经验，而经验是样本。比如，我们有共同的兴趣爱好，这和其他的说法比起来，似乎权重更高。两个人在一起就有说有笑，分开就互相想念，数据表明这样的夫妻幸福指数更高。如果一定要找一个大自己两岁的伴侣，但双方聊都聊不来，那不知道数据会给出什么结论。凡是可以被分析和证明的，就一定是可以被改变的。比如，数据表明我从来不吃芥末，但去吃一下又会怎么样。这样一来，数据就无法预测这个行为了。
> 麦：你不要太搞笑了，服了你还不行吗？不要再说数据了。
> 胡：只要麦。

一个对的人，从一开始就是对的。信则有，不信则无，秉承这样的信念，让自己也变成那个对的人。

3.1.1 从敲键盘到语写

我的男朋友，也是现在的老公，在 2014 年就鼓励我学习双拼，提高打字的速度。可我当时没有这个需求，于是找各种借口推脱。直到 2015 年 1 月，我突然开窍，决定让他教我双拼的口诀，并花了一天的时间背诵口诀。

我还是相信自己，只要想学就能够学好，我也非常享受敲击键盘带给我的快乐。我记得在大学有一位老师让我们写了一封信，说等到我们大三之后再寄给我们，可她中途不知道去了哪里，所以那封信到现在也没有回到我们手上。不过我还记得自己写道："希望等毕业之后，我能够看到自己的打字速度变得非常快，而且是在不看键盘的情况下。"

我在大学学的是文秘速录专业，当时非常希望自己能够打字打得非常快，最好是语音刚落，文字就立即展现，那种快乐无法用语言来形容。

时代在进步，我们也要进步，现在想学什么就去学，学完用好它就行。其实很多事情刚开始看起来都没什么用，可是只要改变一下态度，也许就会有一种"柳暗花明又一村"的感觉。刚开始用语写的方式写作时，对我来说还是有一点困难的，因为我已经习惯了用速录机写作，正确率能够达到100%，想到什么就写什么，手速可以跟上思维。

刚开始接触语写时，我的正确率真的是"不忍直视"，而且当时是 3G 网络，没有 5G 这么快，想说的话还没有说完就断网的情况时有发生。好在当时只以数量为目标，先完成量，再提高质，这才坚持到现在。现在，我的正确率能达到 98% 以上，我也越来越喜欢自己说话的声音，只要能说话就不打字，效率提高了 3 倍以上。

如果你一开始不想写作或不想思考，可以先做一个前置动作，也就是做好写作的姿势和动作准备，激发写作和思考的欲望。注意，要自己主动去想，主动去推进，为思想流营造一个良好的环境和氛围，以便更好地开展写作。

在写作的过程中，手上可以拿一支笔，乱画一些图案或乱写一些文字，自然而然就可以促进思考。如果是用语写的方式，突然不知道说什么，则可以直接把"我现在不知道要写什么"这句话说出来，或者重复当下你能够想到的任何话，慢慢引导，思绪会再次被激发出来，给予你灵感。

我现在已经越来越能够体会到思考对一个人的重要性。每个人生而不同，因为有不同的思维、不同的想法，这个世界才如此精彩。思考是每个人最大的财富，我们可以主动控制它，这是自己独有的。好好利用大脑，不要让它荒废，大脑越动越有劲，越动越灵活。

为了更好地促进大脑转动，我曾经在很多场合进行过语写，在公园、在马路边、在超市、在厕所、在火车上……这里着重写一下在火车上语写的场景，因为这是最不可控的，对于其他的场合我们还有自主选择的权利。如果在火车上遇到旁边有孩子在吵闹，则会影响到自己的情绪，进而影响到写作的进程，而且火车上的信号不是很稳定，所以原则上并不倡导在火车上写作，但偶尔还是想要在火车上记录点东西。

偶然听到电台中在讲述一则故事，有一对父母想趁着春节去伦敦旅游，他们的孩子只有 18 个月大，怕坐飞机太久女儿会打扰其他旅客休息，所以这对有心的父母画了三幅漫画，准备了一些小礼物送给其他旅客。第一幅漫画是女儿拿着旗子介绍自己的名字；第二幅漫画是女儿听不懂大家的话，可能会吵闹，所以旁边写着"请你们原谅我"；第三幅漫画是一位大人，也就是女儿的爸爸正在鞠躬道歉，希望旅客可以原谅女儿的吵闹。我想当其他旅客拿到小礼物时，内心也会暖暖的，而且不会再责备不太懂事的孩子了。

通过这则故事，我们也可以反观自己的想法：是啊，我们都不知道孩子是怎么想的，只是他们展现出来的行为让我们觉得备受打扰，这才有了情绪的起伏。从孩子的角度去想，是不是因为无聊了，或者肚子饿了、口渴了，抑或是哪里不舒服，才导致他们吵闹。作为大人要多考虑孩子的情绪，而不是叫他们不要动、不要闹、不要吵，大声呵斥他们。

所以，在火车上遇到孩子吵闹的情况，我会以平常心去对待，我知道孩子也会有情绪，我们能做的就是戴上降噪耳机，沉浸在自己的世界里，不要有太多抱怨的情绪。

因为工具的转换、媒介的变化，我的思维产生了很大的改变——从敲键盘的双线思考，到语写的单线输出；从刚开始的无框架，想说什么就说什么，到现在慢慢会给自己定下一些主题，进行思维的发散和收敛，乃至用语写的方式写书。

所以，做任何事情不要一开始就给自己贴上不可能完成的标签，而是要先去尝试，随之行动，你的能力和状态会变得越来越好，再尝试做更多事情，你会发现人的潜能真的无限。

3.1.2　因为你推荐的书

2015 年 4 月 16 日，我家先生推荐我看《成为作家》这本书，这本书奠定了我坚定、持续写作的信念。《成为作家》是我的写作启蒙书。

书中提到"作家"有两层含义：一是我们熟悉的"作家"，是一种身份和职业，即主要以写作为生的人，或者在写作上取得了成就、可以稳定地以写作为业的人；二是写作的人，即给"写作"（Write）这个动词加一个后缀，变成做这个动作的人（Writer），所以"作家"就是愿意写作、能够写作、正在写作的人，与"写作"有关。

我被后面这层含义深深地打动了，因为我当时正在进行语写训练，有时候觉得自己写得并没有多好，总是会自我怀疑。但是在我知道原来"作家"可以这样定义后，我就将自己定义为一个愿意写作、能够写作并且正在写作的人。从那以后，我再也没有自我怀疑过，而是坚持行动着，并且在 2016 年写完了第一部 100 万字的作品。

信念就是这么神奇，一个稳稳的锚就把你锚定在那里，并且让你矢志不渝地前进。这是《成为作家》最打动我的片段，它帮我打开了写作这扇大门。

书中还有两点让我印象深刻：

> 每个人都有自己的写作故事。这也说明，回忆录和传记也不是只有成就卓著的人才可以写。每个人都可以把自己的回忆和一生的经历作为创作的素材。

是的，每个人在生活中都有自己的故事，哪怕他并没有做什么事情，也可以把他的平淡故事写下来。写着写着就会有自己的一些思考，可以把这些道理归纳和总结起来。就好像你拿着笔在一本笔记本上乱画，其实你也不知道自己要画什么，但画着画着，你的头脑中就会迸发出一些关键词或灵感，这是非常自然而然的。而且我也深深地相信，我的人生肯定会变得更加精彩，所以我一定要把它写下来，哪怕写得平平淡淡。随着时间的酝酿，我的人生会变得越来越"香"。

> 我们每个人都有与生俱来的表达欲望。这就是写作的激情和动力。从这个意义上讲，每个人都是天生的作家。或者说，每个人身上都有作家的潜质。

哪怕是一个性格内向的人，也会有表达的欲望，这是人与生俱来的，所以要让我们的嘴巴张开，让我们的手动起来。这只是一个动作，不要掺杂太多的想法，就像一个舞者，在舞台上融入情感，酣畅淋漓地把舞蹈跳完就可以了。每次在进行语写时也一样，可以大胆地宣泄情感，但也只是宣泄，说完也就结束了。

这两个印象深刻的点，让我在语写的路上持续耕耘。在语写的过程中，不要受意识的控制，要让你的无意识代替你工作。在语写时，当你感觉到心情舒畅，产生心流时，往往是无意识在主导，让你的思绪源源不断地流转。

要想充分利用丰富的无意识，最好的方法就是比自己习惯起床的时间早半小时或一小时起床，利用十分钟的时间进行冥想，然后开始进行语写。无论想到什么，不管是梦境，还是突然想到的事情，全都把它记录下来，脑海里想到什么就写什么，别在乎流不流畅，也别在乎对自己的以后有没有意义和好处，反正就是持续让自己的嘴巴动起来，写到感觉嘴巴有点累再停下来。

当你写完大致浏览时，你在心里也许会说"这写的是什么东西，连自己都看不懂"，但这又有什么关系呢！每段话都自有它的含义，正如我们所走的每段路都有痕迹。如果真的写不出来，就让眼睛紧紧地盯在某处，就好像拍照一样定格在那里，然后尽情地发挥你的想象力。你可以在自己的思想中任意遨游，没有人管得了你。

当你学会一项技能，而且积累到一定程度时，你就会想着怎样将这项技能发挥到极致。但刚开始都是熟悉的过程，比如语写，刚开始要跟软件磨合，等到练习得更加熟练时，就可以利用这种方式提升思维、锻炼口才。很多时候当你刚开始做一件事情时，你并不知道会带来什么样的结果，做着做着逻辑就理顺了，等走过一段路再回头来看，你会发现一切都是那么自然而然。心中有希望，心中有信念，只有抱有希望，抱有信念，生活才会更加美好。

你想要做成一件事情，只要用心去想，就一定能够想到一些解决方案。但如果顺着生命的洪流走，那你可能会被卷入大浪中，无法逃生。所以，得想办法让自己的生活过得更好。怎样才算生活过得更好？对于这个问题，每个人都有不同的见解，但只要你对生活的要求越少，你的幸福指数就会越高。

幸福要在一定的经济基础之上，完全抛开经济基础，可能没有什么幸福可谈。每个人生活在这个世界上会有很多角色，你的角色发生改变，相应的任务和责任也会发生改变。我们是社会人，得肩负起社会责任。

一本好书，或者适合自己当下的书，可能仅仅一句话就能改变自己的思想。开卷有益，尽情阅读和写作，生命会有更多可能。因为一个人推荐的一本好书，又借由语写，我在文字的世界中慢慢找回了丢失的自己。这个人既是我的引路人，也是我的导师，我时常感恩。

3.1.3　身体和心都在路上

一个家要有温度，离不开烟火气，离不开锅碗瓢盆。我记得刚开始和我家先生在一起时，家里什么锅碗瓢盆都没有，都是我一个个买回来的，我还买了小冰箱。这样生活就更接地气，人吃得更香，小日子过得更有滋有味了。

生活是用来过的，天天点外卖并不好。虽然说有钱可以点外卖，但我始终相信，食物是有能量的，做饭的人在做饭时的情绪会影响到饭菜的能量。设想一下，如果你在炒菜时整个人非常生气，那吃的人就会感受到生气的氛围，从而产生怨气，这并不是一种双赢的状态。如果你在炒菜时怀着非常愉悦的心情，那吃的人也会感受到愉快的氛围。

我负责他的胃，他包容我的小情绪。不管我做的饭好不好吃，他都吃得津津有味，我也就更愿意尝试做其他菜系，于是我的做饭技能越来越棒，我也很享受做饭的快乐。只有吃饱饭，才有力气干活。身体和心都在路上。

我们俩都进行语写，因为这项活动，我们俩之前去了很多地方，如绿地、咖啡厅、江边等。大家可能想这是两人浪漫的情景，但真实的画面是：在绿地上我一边打蚊子一边语写，在咖啡厅我家先生语写我听着。并非每家咖啡厅都适合写作，因为有的地方的网络实在不行。因此，我们准备了多部手机，涵盖了电信、移动和联通，这样就可以做到风险可控。

刚开始我用便签类软件进行记录，然后复制到石墨文档，再把文字归档到为知笔记，年末把全部笔记合并，最后打印出纸质版。现在有了语写App，省了前面几大步骤，真是越来越方便。

为什么我能坚持下来？其实我之前是一个不喜欢写东西的人，因为我觉得自己的文笔不好，逻辑又特别混乱，但《成为作家》的启蒙让我不断写下去，而且现在又有这么方便的工具加持。更重要的是，这是我与我家先生沟通的桥梁，更是自己与自己沟通的桥梁。

我和我家先生是因为速录认识的，特别感恩我的两位速录老师——杨老师和彭老师。我还记得我们刚开始在一起，公布恋情时，老师们特别开心，也特别赞同，让我家先生好好照顾我。我家先生因为特别追求效率，所以希望能够在打字方面找到一种高效的方法，在网上查找资料的时候，遇到了我的速录老师。老师就把他介绍给我们几个文秘速录专业的同学认识，话说我们第一次并没有遇到，就这样擦肩而过了。

你相信吗，缘分真的是自己争取来的。当时和我家先生见面的两个大学同学告诉我，这个人还是挺有礼貌的，一见面就带了好多水果。他们还把他推荐给我，我认识人习惯第一时间查找对方的资料，以便有一个初步的了解，看这个人到底是怎样的。

说来也好笑，其实我在浏览我家先生的 QQ 空间时，看到他的一张职业照，觉得这个人还是挺有眼缘的，于是主动搭讪。我们俩因为兴趣相同走到一起，又因为新的共同兴趣使生活充满了乐趣。我家先生是文科生，但他喜欢挑战各种新鲜事物，在他身上我真的见证了很多。比如编程，他会利用大量时间练习直到入门，之后就是大量实践，进而找到了还不错的工作。

记录是为了改善行为，留档可回溯。我们俩在一起的时候会进行语写，现在几乎能够调出所有的文字数据，能够看到以往的每一天我们到底做了什么。如果文字不够直观，那还有视频。不要觉得惊讶，这真的是我们的生活。家里的硬盘存满了数据，我们还会在学习的区域安装摄像头，看看自己的学习效率是怎样的，观察自己有没有在认真学习，如果没有，那在做什么事情。

生活很真实，记录是无价的，只有记录下来你才拥有了生活。

3.1.4　如何找到对的人

要勇于试错，相信自己的直觉。

只有勇于行动，勇于试错，才会找到对的人。相信自己的直觉，因为你的直觉是根据你的第一经验得出来的。如果你不知道怎么选，就相信直觉给你的反馈，体会自己在和对方相处的过程中是否舒服。

不是具体找某一个人，而是找某一类型的人。找某一个人太难，而找某一类型的人会相对容易些。可以考查对方的软实力，如有比较好的品性、有责任心、比较靠谱、顾家、有担当，而不仅是看硬实力。如果对方的软实力能够达到，硬实力稍微能够达到，就会更好；而如果对方的硬实力稍差，就一起努力奋斗，奋斗出来的结果也是挺美的。

把自己变成那个对的人，另一个对的人就会被吸引过来。喜欢一个人，追求一个人，最高级的手段，是吸引。不要花时间去追马，要用追马的时间来种草，来年就会有一群骏马等着你。

3.2 心智层级越高，人生越幸福

心智模式又叫心智模型，由心理学家肯尼思·克雷克在 1943 年首次提出来，是指人们的记忆中所隐藏的关于世界的心智地图。简单来说，就是我们的观念、习惯和信仰的综合。

作为女性，我应当做什么工作？工作和生活如何平衡与选择？孩子是健康重要还是学习重要？社会上是好人多还是坏人多，用什么标准评判？一个人怎样想事情，其心智模式就是怎样的。

人的大脑就像一台电脑，学的各种知识和经验就像各种软件，能帮我们快速处理各种指令。但如果电脑的操作系统太陈旧，再好的软件也无法良好地运行。而我们的心智模式就像电脑的操作系统，输入什么就会得到什么结果，所以我们需要不断更新和升级心智模式，只有这样才能保证各种软件良好运行。

心智好坏决定了一个人成不成功、幸不幸福。心智可分为六个层级。心智层级越高，人生越幸福。

第一层：以自我为中心，对自己的行为毫无察觉，依靠本能来做事，又叫动物性本能阶段。用一句俗语来解释就是，说话、办事不过脑子。人应该往高处走，发展自己的创造性能力。如果生而为人，一生只在动物性本能阶段生活，甚至往低处走，只发展自己与动物都具备的低等能力，那真是人生的大不幸，乃至绝望。

第二层：思考为什么会这样做，背后是什么思维在主导，有了向内看的能力，又叫自我反思阶段。人类的大脑可以思考自己在做些什么，这着实是一件非常伟大的事情。有了持续自我反思的能力后，人生就迈进了一大步。每日的语写就给我们提供了这样的便利和载体。

第三层：逐渐接纳自己，减少内耗，懂得与别人换位思考，心态趋于稳定，减少对别人的评判和伤害。我从第二层到第三层，走了大概 7 年的时间，可想而知中间经历了多少内心挣扎。有时候以为爬过了某个山坡，殊不知前面还有更高的山峰等着我去攀爬。但我也非常庆幸自己走过了这个阶段，能够更好地理解女性，可以帮助她们从第二层走到第三层。

第四层：知行合一，能够客观地看待他人和世界。人生就是一场修行，通过不断与他人碰撞，能看清楚自己。当你做到知行合一时，资源会源源不断地向你汇集。我正在往这个方向努力靠拢。

第五层：思想很少受到外界干扰，做事更专注，情感关系越来越圆满。当一个人出现在你面前时，你能够感受到对方思想的纯净，很想向对方靠近，双方的能量会不断外溢。

第六层：幸福感越来越强，爱满自溢，利他之心涌现。到这一层已经逐步进入开悟状态。人这一辈子从懵懵懂懂的孩子走到开悟阶段，是一个伟大的壮举。希望我们珍惜彼此，不断变成更好的自己。

3.3 如何修炼心智模式

修炼心智模式可从三个方面入手：修心、修身、修行。

3.3.1 修心

1. 良好的自我认知

每个人都希望自己的人生能够越过越好，往更好的方向发展。但这并不意味着要一股脑儿寻找各种"大牛"的成功路径，然后拼命模仿，而是要先清楚地认识到自己到底在哪里。在你有良好的自我认知后，再往前迈进，步伐会更加坚实和笃定。好比你想去某个地方旅游，但如果你现在连自己所在的位置都不知道，那如何能到达想去的地方呢？

怎样才能拥有良好的自我认知？

第一，认清自己是视觉型的人、听觉型的人还是感觉型的人。在和人交流的过程中会发现，不同的人有不一样的表现方式，有的人说话特别快，有的人说话比较慢，而有的人说话不紧不慢，这是因为不同的人其行为模式不一样。每个人都通过五种感官系统（眼睛、耳朵、鼻子、舌头和身体的本体感觉）来接收外在的信息，但在我们的大脑内部，只有三个内感官处理系统，那就是内视觉、内听觉和内感觉。因此，在 NLP（神经语言程序学）里把人的行为模式分为三种：视觉型、听觉型和感觉型。视觉型的人用他们的眼睛去看世界，听觉型的人用他们的耳朵去听世界，感觉型的人用他们的感觉去感受世界。你是哪一类人呢？

视觉型的人的特点：

视觉型的人在坐着时，喜欢背部后倾，头部及肩部微向上抬。视觉型的人在说话时，手势通常会比较多，身体语言较为丰富。视觉型的人喜欢快、简单的风格，重视视觉的享受、色彩的鲜艳。所以，在和视觉型的人沟通时，要注意形象，因为他们会用眼睛来看人。留给他们的第一印象不好，沟通就会受阻。如果合作方是视觉型的人，那在和他们沟通时最好为他们提供一些图片，而且一定是精美的图片，这样成功的概率会高很多。和视觉型的人说话，要只讲重点，千万不要讲废话。他们说什么，你需要立即回应。

听觉型的人的特点：

听觉型的人喜欢把双手交叉起来，喜欢有韵律、有节奏的声音，一听到音乐就会有节奏地摆动。听觉型的人既喜欢说也喜欢听，但他们对于听的要求较高，需要用多变的音调和他们说话。他们也喜欢处理文字，可以多用文字和他们沟通，如信件、邮件、文档。听觉型的人喜欢安静和简单的环境，喜欢听优美的音乐。如果亲密爱人是听觉型的人，则要多对他说"我爱你"，或者带他到音乐会享受音乐的滋养。

感觉型的人的特点：

感觉型的人说话的声音会比较低沉，节奏比较缓慢。他们比较喜欢触摸，去买衣服或家具时一定要亲自摸摸质感和手感，他们相对来说也比较喜欢身体上的接触。因此，要多对他们表示关心，先谈感情再谈事情，只有让他们的心情舒畅了，事情才能顺利。感觉型的人会比较随性，不太注重自己的外表，但非常注重自己的感受。如果亲密爱人是感觉型的人，则要多送他一些小礼物，多拥抱或亲吻他，散步的时候要拉着他的手。如果客户是感觉型的人，则可以拍拍他的肩以示友好或与其亲切握手。

第二，清楚自己的时间去哪儿了。一个人怎样安排一天的时间，其一生就是怎样的活法。当你通过手写或软件记录的方式记录下每一天的时间安排时，你对自己的行为就有了更加深刻的理解。这里强烈推荐剑飞老师的时间统计App，它汲取了柳比歇夫"时间统计法"的精华，再加上学员的实践改良，简单又好用。

不用害怕、担心自己的时间浪费在无所谓的事情上，只有勇敢地正视自己，才有改变的机会。同时，记录下每一天的时间安排并不是为了批评自己，而是为了进入更好的循环状态。

所以，没有批评，只有改变。只有端正态度，动作才不会变形。刚开始记录时，可能会觉得这并不是自己想要的人生数据，那此时此刻就可以改变自己的行为，以得到自己想要的人生数据。说句实在话，我记录了超过7年的时间，有时候也会陷入"这并不是我想要的人生数据，下一秒就改变行为"的循环状态。

第三，阅读经典书籍。在阅读方面，我要着重感谢一个人，就是我家先生。在大学时，我也会在图书馆阅读一些书籍，但我万万没想到，出来工作后，阅读竟然成了我的必需品。读书不仅可以让人目光深远、志存高远，还可以让人思维活跃、胸襟开阔。对绝大多数普通人来说，读书绝对是性价比最高的丰富自我精神资源的途径。

有一个良好的阅读环境真的非常重要。建议在家里专门布置一个阅读区域，只要坐在那里就会让人产生阅读的欲望。我的家里有很多书，无论是客厅、书房还是卧室都堆满了书，我梦想着未来拥有一个类似图书馆的家。阅读如同吃饭，肚子饿了要吃健康粮食，精神饿了要阅读经典书籍。品读他人的人生，可以让自己少走弯路，看到更广阔的世界，对照自己的思想，提升认知。不管多忙，都要坚持一天读一页书，培养微小的阅读习惯，你会感谢每天行动的自己。

第四，靠近比自己认知高的人。俗话说，听君一席话，胜读十年书。你的认知决定你的圈子和高度。有了知识付费后，破圈最好的方式就是付费。你想要靠近哪个"牛人"，直接向他付费，就可以了解他的做事方式和思维模式，这是最好的学习方式。但是，也不能选择离自己太远的人，两人一个在天、一个在地，自己也学习不来。只比自己的认知高一两个档次就可以，只有这样才具有可操作性。等上了更高的台阶再寻找认知更高的老师，这样就不会给自己太大压力，避免行动受阻。

有这样一则故事。有位妈妈带着未成年的女儿逛街，回来后，女儿画了幅《陪"麻麻"逛街》。妈妈看了女儿的画，顿时蒙了，女儿的画上没有车水马龙，没有高楼大厦，只有一根又一根奇怪的柱子。女儿画的是什么？妈妈端详半天，才突然醒过神来，女儿画的是一条条人腿。

原来，女儿年幼，个头不高，被妈妈牵着手走在街上，根本看不到成年人眼中的世界，她看到的只是无数条成年人的大腿。认知高度不同的人，看到的世界自然不一样，这也是要找比自己认知高一些的老师借力的原因。

2. 健全的人格

无论经历了什么都是人生宝贵的财富，每个人既是家庭气氛的调和剂，又是个人能量的中控台。在失意和困难面前要及时调整自己，别人过得再好那也是别人的人生，你要过好自己的人生。

优秀的人才往往都伴随着健全的人格。对于一个你敬佩的人，我想他身上一定有某种人格魅力吸引着你。健全的人格包括两个方面：物质独立和精神独立。物质独立是精神独立的基础。所以，要有一技之长，能够为别人提供价值，在取得物质独立后，培养精神独立才更加顺其自然。

物质独立是基础。物质独立就是自己拥有赚钱能力，不需要依附任何人就可以获得丰厚的物质生活条件，在物质上不求助于人。

如果每花一分钱都要伸出手向别人要，那这样的日子最后不会好到哪里去。如果你不想过伸手要钱的日子，就趁早磨炼自己的技能吧！其实这并不是赚多少钱的问题，重要的是赚钱能力。没有钱可以赚，但没有赚钱能力，最后连自己都会看不起自己。你的思想和能力在不停进步，你自然会受到尊重，特别是得到自己的认可。凭自身能力赚钱，花起钱来更踏实和安心，用一个字来概括和形容，就是"爽"。

女人是幸福的，特别是妈妈，能够留出一段时间给生命按下暂停键，让自己重新审视人生，想清楚自己到底要往哪个方向前进，这是人生中宝贵的时光。

精神独立是王道。精神独立就是拥有一定的独立思考能力，有自己的思想、主见和立场，不随便被人带偏。精神独立意味着在两个方面成长和突破。

一是对自己的生活有掌控感。一个人拥有了对自己生活的掌控感后,就不再轻易受到外界的影响,能够遵循自己的节奏做事,从而过上一种松弛的生活,拥有更多的关于生活和人际的安全感。对自己的生活有掌控感的表现之一就是对自己的情绪有掌控感,不被情绪所左右。为了避免情绪积压影响身心状态,要学会让情绪流动起来。而语写就是一种非常奏效的方式。还有一种常用的掌控情绪的方式是,情绪来了,让自己止语10秒,看着情绪来,看着情绪走。

除了掌控情绪,还要养成良好的生活习惯,让习惯推动着自己做事,提升对人生的掌控力。有的人喜欢"清单体",有的人喜欢做日计划、周计划,有的人喜欢在某个固定的时间做某件事,等等。这些都是为了避免让自己拖延,重点是一次只做一件事。慢慢建立起生活的秩序后,就会从这种秩序中感受到掌控感,幸福的人生也随之而来。

二是有让他人幸福的能力。巴金曾说:"生命的意义在于付出,在于给予,而不在于接受,也不在于索取。"给予是一切丰盛的源头。当你学会给予时,你会发现获益的不是别人,而是自己。有让他人幸福的能力的表现之一就是懂得给予。越是懂得给予的人，越拥有真正的福报。

有一则关于天堂和地狱的故事。一名教徒很想知道天堂到底是什么样的，他问先知："地狱在哪里？天堂又在哪里？"先知没有回答他，而是拉着他的手领着他穿过一条黑暗的过道，来到一座殿堂前。他们跨过一扇铁门，走进一间挤满了人的大屋里，这里既有穷人也有富人，有的人衣不蔽体，有的人穿金戴玉。在屋子当中，有一处熊熊燃烧着的火堆，上面吊着一口汤锅，锅里的汤沸腾着，飘散着令人垂涎的香味，汤锅的周围挤满了面黄肌瘦的人。

每个人的手里都拿着一把汤勺，舀汤的一端是一个铁碗，另一端的柄是木制的。这些饥饿的人围着汤锅贪婪地舀着，由于汤勺的柄非常长，一勺汤又非常重，即使是身体强壮的人也不可能把汤喝进自己嘴里。而那些不得要领的人不仅烫伤了自己的胳膊和脸，还把身边的人烫伤了。于是，他们相互责骂，进而用汤勺大打出手。先知对教徒说："这就是地狱。"

然后，他们离开了这间屋子，又穿过一条黑暗的过道来到另一间屋子。同前面一样，屋子中间有一口汤锅，许多人围坐在旁边,这里同样既有穷人也有富人,同样每个人的手里都拿着一把长柄汤勺,也是木制的柄、铁制的碗。但这里除舀汤声外,只能听到静静的满意的喝汤声,锅旁总有两个人,一个人舀汤给另一个人喝。如果舀汤的人累了,另一个人就会拿着汤勺来帮忙。先知对教徒说:"这就是天堂。"

通过天堂和地狱的故事我们可以得到启发,为他人着想,帮助他人,就是帮助自己,只有懂得给予,人生才更圆满。

毛姆的《月亮与六便士》告诉我们:要记得庸常的物质生活之上还有更为迷人的自我独立的精神世界。这个世界头顶上的月亮,它不耀眼却散发着迷人的光芒。精神独立的人,拥有一个自由的世界。

在现代社会,每个人都是独立的个体。一段好的关系,是在双方的利益中寻找平衡点。好的婚姻关系是,两人既能保持独立又能结盟,双方就像战友一样分工明确,不然无论这段婚姻看起来多么美好,两人也很难携手走到最后。

3. 乐观的心态

每个人都有权选择更加乐观的心态。各路"牛人"和"大咖"，他们在生活和工作中也都会遇到困难与挫折，正是乐观的心态拯救了他们的人生，让他们获得了更好的事业。经过几十年的研究，心理学家们发现，人们通过有意识地选择乐观的心态，可以有效地改善自身的生活。

你可以尝试一下假笑，假笑着假笑着就会变成真笑，这是一种心态上的转变，用行动让自己的心态变得更好。当你用比较积极的话语与他人交流时，他人也会用更积极的话语来回应你，这样周围的环境就会更阳光。所以，要谨慎选择自己说的话。如果你用消极的话语与他人交流，那对方可能会不想理你，也可能会用更消极的话语来回应你，使双方陷入尴尬的境地。

要有意识地和乐观的人在一起。乐观的人不管走到哪里都是富有感染力的，别人会不自觉地往他身边靠拢，这是一种无形的吸引力。无论是在工作中还是在生活中，要善于寻找那些乐于分享想法、乐于帮助他人，并能采取建设性行动的乐观人士，和他们交流与相处，使自己的身心变得更健康。

《高效能人士的七个习惯》里提到的第一个习惯，就是"积极主动"："人性的本质是主动而非被动，人类不仅能针对特定环境选择回应方式,更能主动创造有利的环境。"人类之所以能够一代比一代更好,一代比一代更进步,关键在于我们能主动选择,主动从经验中吸取教训。而其中最深层次的是,我们拥有乐观的心态,相信一切都会往好的方向发展。

乐观的心态会让人生变得更幸福,并不是我们没有负面情绪,而是我们主动选择了乐观的心态,哪怕遇到挫折,也相信终会雨过天晴,能够坦然地接受暂时的失败。

3.3.2 修身

良好的生活习惯使人拥有良好的人生状态。一个生活在杂乱无章世界中的人,无法真正地掌控生活,只会随波逐流。他不会珍惜自己的时间,别人叫他做什么就去做什么,没有一点儿思考。

而一个拥有良好生活习惯的人,会知道自己每天的生活节奏是怎样的,清楚在每个时间节点要去做哪些事。他对生活的安排张弛有度,不会过于紧绷,知道要劳逸结合。

健康的身体状态,从运动和吃开始。并不是说一定要去健身房或装备齐全才可以运动。在家里拉伸一下,拍一拍、打一打,都可以唤醒身体的潜能。我每天早上在语写前都会留出 10 分钟的时间来运动。不要说自己没有时间，只要腾出哪怕 1 分钟的时间，让自己扭扭胯，拉伸一下就可以。要让自己的时间都用在大方向上，使自己的身体更健康，生活更幸福。如果你还没有达到这两个重要的指标，就要为它们腾出时间，不断地浇灌它们。

为什么现在有很多人患肥胖病、高血压，或者处于亚健康状态？原因很简单：一是生活作息乱，二是乱吃东西。提防病从口入，要遵从身体需要，摄入一些新鲜的瓜果蔬菜，用比较清淡的做法，让身体更好地消化。很多人都喜欢吃那些油炸的、重口味的食物，偶尔吃没问题，长期吃会要命，最后生病了也只能由自己承担。你想要拥有什么样的身体状态，由你说了算。

3.3.3 修行

1. 优雅的气质

气质并不是有钱人和年轻人的专利，它属于所有人。你想要培养什么气质？气质不单看外表，更是从内而外散发出来的。有人说，一个人 40 岁前的长相是父母决定的，但 40 岁后的长相是自己决定的。容貌易老，但气质不会，优雅的气质是一种源自内心的态度。可以通过冥想、喝茶、画画、抄书、阅读等来培养"定"的气质，时刻拉回自己，让自己活在当下。气定神闲，"定"的气质是其他气质的基础，"定"意味着内心坚定不移，不被世俗纷扰所打扰，遵从内心的想法做事。

2. 较强的亲和力

所谓亲和力，是指一种力量，一种使人愿意亲近，愿意和自己接触的力量。亲和力可分为三种：相貌的亲和力、语言的亲和力和存在的亲和力。

相貌的亲和力很好理解。一个人看上去亲和力很强，别人就会愿意与他亲近。对方散发出来的这种亲和力是无法用语言描述的，而且相比男性，女性的相貌亲和力会更强，更具有优势。一个人给你的第一印象顺不顺眼已经被定格了，你会给他打一个分数，直觉会告诉你，你愿不愿意和这个人相处得更深。

语言的亲和力也很好理解。俗话说，良言一句三冬暖，恶语伤人六月寒。通过语言的讲述，可以判断对方的亲和力如何。除了语言的具体内容，还有声音、声调也会给人带来不一样的感觉。如果一个人在沟通时说到了你的心坎里，让你觉得特别舒服，那么这个人的语言亲和力就非常强。反之，如果一个人在沟通时总是让你产生抵触的情绪，那么这个人的语言亲和力就要再加强一些。说该说的话，会让人更加自在。

存在的亲和力是更高阶的。比如，有的人站在那里不用说话，你都会被他所吸引，好像有一道光指引着你。你是否遇到过这样一个人，你们不曾见过面，但当他出现在你面前时，你就会觉得自己好像跟他相识已久，内心已经与他建立了深深的连接？当有人达到这种状态时，意味着他的人际关系是非常圆满的。

3. 独特的人格魅力

人格魅力来源于价值观和情感，它是亚里士多德所说的理性、人品和情感结合产生的影响力。

不是一个人穿着很漂亮，性格温柔、体贴，就说明他一定有人格魅力。在我看来，人格魅力是一个人心理、文化、教育及修养的综合体现。如果一个人能够展现出待人宽厚、诚恳善良的品质，他就能拥有不错的人格魅力。而真实是你可以一赢到底的人格魅力。

现代人为什么有时候活得那么累？因为在不同的场景中，与不同的人打交道需要有不一样的表现。如果一个人始终如一，做他自己，无论去什么地方、和什么人交流都是一样的表现，那其真实的人格魅力会为他的生命增添光彩。

观察现实大家会发现，好人缘的人通常会有以下特点：真诚、友善，富有同理心，愿意相信他人，善于合作，能够保持温和的态度，情绪控制能力强，从不朝外人发脾气，事事有回应，件件有着落，凡事有交代。用两个字总结就是"靠谱"。人格魅力是靠行动练出来的，要保持开放的心态，从不同的维度看问题，时常看住自己的心，稳定自己的情绪，做独一无二的自己。

3.4 人际关系地图

你的价值观藏在你的人际关系里。你和什么样的人相处，就意味着你有什么样的价值观。俗话说，物以类聚，人以群分。

很难和某人见一次面就能判断出这个人的价值观，但我们可以通过这个人周围的人来判断他的价值观是否和我们一致。这也是在寻找伴侣的过程中要遵循的重要原则。刚开始相处时，没有必要观察伴侣是怎么做的、怎么说的，因为对方可能会伪装其想法或遮掩其行径。

可以主动约对方的朋友聊一聊，从他朋友口中更立体地看到他是一个怎样的人，其价值观是否和我们一致。

我们平常相处的朋友，他们是怎样的人，意味着我们的价值观就是怎样的。好好停下来思考，自己平常相处比较多的朋友，他们身上有什么样的特质。他们身上有的特质，自己身上可能也有，因为同频相吸。

哈佛大学的大卫·麦克利兰教授做了一项研究，他发现朋友（被称为参考群体）在一个人的成功与否中占了95%的贡献率。这个比例是不是有些夸张？但这是研究出来的真实结果：你是你最密切交往的五个朋友的综合体。所以，我们要谨慎选择和谁做朋友，以及选择什么样的圈子去成长。

除了通过身边的朋友来判断自己的价值观，看出自己的人际关系地图，还可以通过时间记录来检验自己的人际关系地图。什么时候，做了什么事情，和谁在一起，都要客观地记录下来，经过一段时间的实践和观察，可以看到自己和谁沟通的频率更高，以此来判断自己的价值观。

人际关系的本质是价值交换，你的价值决定了你的人际关系。卡耐基说过：

> 人的成功 15% 取决于专业知识，而 85% 取决于人际关系。

如何才能拥有更好的人际关系？每个人都是人际关系地图中的一个节点，与不同人的连接组成了一张人际关系地图。前面说到，人际关系的本质是价值交换，所以要想拥有更好的人际关系，就要做好与他人的价值交换。与他人交往，就要展现自己能够为对方提供什么样的价值。如果你不能为对方提供价值,哪怕你的态度再毕恭毕敬,对方也不会觉得你对他有什么用处,更不会搭理你。落到最后,还是要提升自己的能力。

首先,要有价值交换的思维。你在与人打交道或做任何事情时,要想到你能够为对方提供什么样的价值。只要能够形成对双方都有利的局面,对方也会为你提供更多的便利。例如,你在跟人进行对话交流时,让人觉得舒服,对方会感受到一些情绪价值。如果你还能解决对方的困惑,那对方会更愿意与你谈下去,甚至下次遇到问题会主动找你。

再如,你看到一篇文章,刚好和朋友有关,如果你能够为他提供一些信息来源,为他转发一下,那对方也会感觉到你对他的关心和在乎。这些平常主动做的小的价值交换动作,会给你的人际关系带来好的发展。你帮助过的人,就是你的人脉资源,哪怕只是一个小小的帮助,这个起心动念很关键。

其次,要积极主动地给予。生活中的高手都是利他者,他们懂得"爱出者爱返"的道理。任何人都不会抗拒真正对自己好的人。当你遵从因果律来生活时,你的人生会发生不一样的改变。积极主动地给予别人,别人也会积极主动地给予你,这是世间不变的法则,凡事都逃不过因果律。

要想拥有更好的人际关系，就要积极主动地为他人好，为他人做一些力所能及的事情。种瓜得瓜，种豆得豆。种下这些好的人际关系的种子，既要勇敢地进行自我展示，也要协助他人进行自我展示，最后你会发现自己收获满满、硕果累累。

第 4 章　思考

4.1　不思考的三个根源
4.2　主动创造思考的时间
4.3　主动创造思考的空间
4.4　培养正确的思考方式
4.5　两招提升大脑思考能力
4.6　如何进行正念思考

4.1 不思考的三个根源

思考需要练习吗？答案是必须的，人可以随时随地阅读，却不一定能随时随地思考。每个人都有思考的权利和能力，只是不同人思考的深度和广度不一样。要想做一个高质量的思考者，需要刻意练习。

你的思考频率是多久一次？最近一次认真思考是什么时候？不要不停地看他人写作，却不为自己写作；不要不停地看他人的思考作品，却不为自己的思考出作品；不要不停地思考爱情剧的剧情编排，却不躬身入局体验爱情。

知道不思考的三个根源，不仅能更好地思考，还能思考得更有深度。

4.1.1 根源一：没有思考对象

不思考的人，不是他不想思考，而是他没有思考对象。很多人平常不思考，是觉得自己不想思考或不会思考，这个归因对日常没有任何指导意义。针对某个对象思考，就意味着思考会遇到一定的局限，不可能穷尽完美。换句话说，任何思考对象所呈现的理论、方法、想法，只有在特定的条件和前提下才有用。

以"结论先行"的表达方式举例。

这种方式只有在对方想第一时间知道结论的前提下才有用，如给老板汇报工作，给下属安排任务。但下面两种情况，用这种方式表达只会适得其反。

情况一：对方不想第一时间知道结论。比如，你给人讲悬疑故事，第一句话就是"谁谁才是真正的凶手"，下面的故事再精彩估计也没什么人愿意听了，要先埋钩子，最后揭晓答案。

情况二：让对方第一时间知道结论，反而不利于说服对方。比如，你想和员工诉说难处，先不涨工资，第一句话就是"今年很难，没法给你们涨工资"，这样开头估计对话会很难继续。

知道思考需要有对象，以及有一定局限性的道理后，每接触一种新理论、新方法、新想法时，只需要自问"对方这么思考的前提条件和对象是什么"，答案自然呼之欲出。有了思考对象后，如果没有记录下精髓的思想，时间久了就会忘记。

人的注意力有限，应先集中在一处，一次思考不清楚，再思考一次，还想不明白，就继续思考。注意不是空想，而是把注意力集中在一个点上，在行动中找到解决方案，让想法发散开来，答案也许就在不远处。就像一束激光，把光源全部汇聚在一个点上。

请注意，不是你不会思考，而是要找到思考对象，它会和你的大脑产生化学反应。

4.1.2 根源二：不懂框架

框架的作用是帮助人们认识世界，把握真相，做出决策并采取行动。我们处在同一个世界，但因为不同的人有不同的心智模式，所以思考过后，每个人所做出的决策和采取的行动截然不同。

框架就是认知体系，框架意味着有边界，不能天马行空，意味着大脑以一种有序的、有目的的和受约束的方式思考。要想掌握框架思维，得先厘清因果关系，这是底层要素。

厘清因果关系。有因必有果，因果关系就是从原因推导出结果。只有掌握了因果关系，才能在行动前预测出每个行动可能导致的结果，以便修正和调整自己的行动方案。

人类具有抽象思维能力，能够把因果关系转化为框架，以便指导行动。比如，听觉型的人喜欢听别人讲话，但视觉型和感觉型的人就不喜欢倾听。

再如，孩子摔东西，大人要去找原因，看他是想要什么没得到满足，还是身体不舒服无法控制，抑或是和朋友有矛盾需要发泄。因为结果只是结果，不能作为衡量事物的唯一标准，找到原因才是根本。

你可否听过这样一句金句：愿意跟人吵架的人，都是因为太闲。以前和我家先生吵架，他吵完之后就说我太闲了，要多做体力活儿。我那会儿不懂他说的是什么，还说他不尊重我，没有看到我的付出。

现在随着破圈，自我认知提升了，行动力也在跟上，我才发现原来以前的我真是太闲了才会找他吵架，不然内心不安，要进行焦虑转移。前面的金句其实指向的也是框架问题，我家先生和我的框架不一样。

你的框架搭建在哪里，结果也会在哪里。

当时想吵架的我内心急需得到关注，把全部注意力放在对方是否关注自己上。但讲实话，一个人对另一个人再好，也不可能时时刻刻关注着他。越想得到关注，越会失去对方的关注，于是就想找事，如此恶性循环，再好的关系也折腾不起。

谁痛苦谁改变，改变不了别人，只能改变自己，解决方案就是给自己换框架。

作为孩子妈妈，我自认为自己很少情绪爆发或找老公的碴儿，但有时候依旧控制不住自己。我就在想，其他妈妈遇到相同的场景可怎么办。于是，我先让自己动起来，语写"拯救"了我，我就早起直播"拯救"有缘的妈妈。也许我现在还没有多少影响力和知名度，但我相信坚持的力量是强大的，只要方向正确，做就好了。

从上面的文字中可以看出我换框架了吗，从只想自己到"拯救"像我一样需要被关注的妈妈。最后会发现，索取一千抵不上付出一百，视角变了，世界也就变了。

4.1.3　根源三：不敢表达

我们常常会为别人发声，但很少为自己发声。知道爱自己、表达自己多么重要，但害怕冲突，害怕表达自己的真实想法和感受会破坏和谐的关系，所以总是委屈自己。也害怕承担责任，所以在生活中选择沉默，渐渐习惯不敢做真实的自己，就像缩在一个坚硬的保护壳里。

过去的我在面对别人的请求时第一反应就是满足别人的需求，很难表达自己，甚至完全忽略自己的需求。有时候明明很生气，却不敢生气，还一直自责。自从接触了语写，我看见了自身旧有模式的缺点，试着慢慢打开主动思考的阀门，生活豁然开朗。现在只要生气，我就会让自己狠狠发泄完，把自己哄得开开心心，不让情绪留在身体里。

我曾看到这样一句话：一年有 365 天，有的人过了 365 天，有的人只过了 1 天，又重复了 364 次。当初听到这句话，我立马想起一部电影《土拨鼠之日》。我们每天忙忙碌碌，自认为自己一直在努力、在进步，殊不知，只是把同样的一天重复了无数次罢了。

所以，需要用主动思考来扭转人生。刚开始主动思考，内容可能有些幼稚，但这是迈开的重要一步。有了第一次，就会有第二次、第三次，只要不断刻意练习，就能学会主动思考。

心理学家荣格说：

> 你生命的前半辈子或许属于别人，活在别人的认为里。那把后半辈子还给你自己，去追随你内在的声音。

去吧，主动思考，勇于表达，掌控自己的人生吧！

4.2 主动创造思考的时间

4.2.1 早起黄金 1 小时

我认为,你怎样过一个早晨,就怎样过一生。以前的我睡醒之后就玩手机,玩到天亮。有一阵子我还非常窃喜,觉得玩手机可以让我清醒,原本还昏昏欲睡,玩了半小时手机之后,整个人变得非常清醒,觉得手机救了我。现在回过头来看,那时真的是在"慢性自杀",浪费了很多宝贵的时间,好在现在及时醒悟。

我发起了"语写妈妈 1 天 1 万字实践营",一早起来进行语写直播,这个行动可以说救了我的"命"。因为每天要固定在某个时间开播,所以我不得不按照时间节奏来行动,一旦玩手机太久,时间就不够用,基本上是起床刷牙、洗漱整理,之后就到了开播的时间。

在养成习惯之后,这就变成早起固定做的事,把原先玩手机的行为改为开直播跟大家分享,或者进行语写。这样做不仅使自己获得的能量补给截然不同,而且让我更清楚自己真正想要的是什么。原本被手机掌控，现在翻身做主人，控制手机为自己所用。

早起不是最重要的，早起之后做什么事情才是最重要的。你想在每天早起黄金 1 小时里，实现哪个重要目标呢？

以前的我是为了培养在固定时间写作的习惯，而现在习惯已经慢慢养成，所以我又有了新的灵感：写一本书。就这样，我有了在微信朋友圈写书的计划。

我会每天在微信朋友圈发原创内容，围绕一个主题展开写，想到什么就写什么，输出自己的价值观，之后把这些内容汇总并整理成一篇小文章。

有时候并不是你没能力写，而是你不相信自己能写。降低启动成本，先从每天的微信朋友圈写起，认认真真对待输出的内容，你就赢了。

4.2.2　每天至少花 10 分钟思考

现在处于信息大爆炸的时代，信息更新速度非常快，每天有大量的信息向你涌来，令你不知所措。但当你静下心，停下来思考时，你会发现很多事物的本质会自动浮现出来。

每天至少花 10 分钟思考，这是撬动思想的支点，能让你想得更清楚，再利用其他时间执行和落实。只要大方向正确，努力就不会白费。

要每天进行一万字的语写训练，强制自己思考。如果训练一段时间后，感觉自己进入自动模式了，就要重新调整，主动进行主题思考或发散思考。

只要尝到甜头，就会念念不忘，愿意花更多的时间在思考上，形成正向循环。相比阅读，思考是一件很苦的事情，不是说做就能做到的，需要给它营造环境，让思考的种子生根发芽。但凡你做一件事情到游刃有余的程度，就必须跳出舒适圈，发起更大的挑战。语写如此，其他事情也是如此，不然生活就会越过越令人索然无味。

4.2.3　怎样连级跳出舒适圈

首先，要定下目标。目标就像灯塔，当你感觉自己想要"躺平"时，请立即翻出定下的目标，校准轨道。很多时候，走着走着就忘记了自己的目标，所以要将目标贴在醒目的地方，以便时常提醒自己。

其次，对自己真诚。允许自己"躺平"，但要有时间限制。大家都是平凡人，偶尔偷懒也是人之常情，关键是不要欺骗自己，欺骗他人。

最后，找到可以提供正向反馈的圈子或导师。好的环境可以塑造人、滋养人。就像一颗种子植根于肥沃的土壤中，长成参天大树后反过来可以净化周围的环境。找到同频的圈子或导师，是人生的一大幸事。

主动创造思考的时间，利用好早起 1 小时的黄金时间，争取每天至少花 10 分钟思考，不断跳出舒适圈，人生会更加幸福。

4.3 主动创造思考的空间

你有多久没有停下来好好思考了？你觉得自己是生活机器还是有机的生命体？我认为思考空间已经成为生活的必需品。在思考空间里独立、专注地思考，并形成作品，无论作品属于什么形式，如文章、画作、歌曲，都能促使你持续成长和进步。

要主动创造思考的空间，提升思维认知。思考不会主动来到你身边，而是需要你用心邀请，只要达到某个临界点，思考的源泉就会不断涌进来。

4.3.1 保持成长型的心态

不同心态的人遇到同一件事情，所展现出来的态度截然不同，自然最后的结果也大不相同。成长型心态的人，无论遇到多大的困难或挫折，都会把它当成垫脚石，会越挫越勇，积极调整心态，寻找解决方案。固化型心态的人，遇到困难或挫折会退缩、抱怨，有非常大的情绪，做事萎靡不振。

说实话，以前的我还真是固化型心态的人，现在遇到困难或挫折，我会提醒自己往成长型心态的方向发展。人的思想并不是一成不变的，你可以通过他人的帮助和自身的努力来改变思想，最重要的是你愿不愿意，人生路上就是要不断修正自己。

4.3.2 寻找信任度高的空间

一个好的思考空间，一定经过用心挑选。当你处于深思熟虑中时，你有没有发现在自己所处的环境中，是什么在触动着你。一个信任度高的空间，需要你用心去感受。

你有没有体验过，一走进某个空间，心情就会非常安定，神清气爽，特别想坐下来好好待着。同时，你的身体会非常诚实，一旦那个环境对思考没有太大的促进作用，你就会立即走开，根本不用大脑去调度。多出去走走，也在家里寻找一到两个信任度高的空间，让自己沉浸其中。

信任度高的空间是需要打造的，物品的摆放应尽量整洁有序，只有这样，人的思绪才不会太受干扰。但也有一些人喜欢摆放物品杂乱无章，在别人眼里是乱放，在他眼里就是有条理，也能促进思绪的流转。总之，要去体会在什么情况下思绪流转得最快，那就是符合你的。

4.3.3　打造精神共振的场域

前面说到，信任度高的空间是需要打造的，那是有形的场域，无形的场域也需要引起重视。无形的场域比有形的场域影响更深入，而且是潜移默化的影响。

万事万物都是由能量组成的，人是一个非常强大的能量体。一个能够促进思考的场域，与你的精神是连为一体的，能够为你输送高频率的信息。而你只是一个记录者，负责把这些信息全部记录下来。

如同我每天早上进行语写训练，有时候脑海中会蹦出一个灵感，快速说出来，把它变成文字，能使大脑中的画面逐渐清晰。即使画面没有期待中那么清晰，也无须担忧。保持耐心和专注，用连贯的语言把思考的过程描述出来，只有全然接纳思想，才能更好地呈现思想。

这时候，思想不会再像害羞的小女孩那样躲藏不前，而是会通过语言、文字等方式呈现出来。恭喜你，最终形成的语言、文字都是你亲手打造的作品。

这个过程就像将原本断开的电路连接上电源，让电灯发光，为黑暗的空间照明。

在物质富足的时代，只要肯干活，就很少有人会饿肚子。因此，相比物质世界，更要关注精神世界。在繁忙的现实社会中，要寻找一处让自己的心灵得以栖息的地方。困了，累了，可以找一处地方快速补充能量，让自己"满血复活"。

每个人的生活都是独一无二的，特别是妈妈们，有了孩子后，虽然有时生活中会有很多鸡毛蒜皮的小事，也有很多抓狂的时刻，但也拥有更多快乐。我们要享受生活，享受被孩子全心爱的体验。

4.4 培养正确的思考方式

每个人每天的时间都是一样的,为什么有的人能够取得较大的成就,而有的人只能平平凡凡过一生?随着不断阅读和写作,我的认知思维不断拓展,我发现成功的人都拥有正确的思考方式。它不仅能引领着你前进,还能升级你的思维。在这种思考方式的作用下,你的每一步都不是平行的步伐,而是叠加向上的步伐。

如何培养正确的思考方式?要从五个方面入手:思考头脑中的想法,在行动中思考,用暗示促进思考,遵循真理法则,进行全局系统化思考。

4.4.1 思考头脑中的想法

你日常在头脑中具体想些什么,你知道吗?你想的是不痛不痒的东西,还是一些重点内容?或许你定下了一个想要突破的目标,如阅读、写作、赚钱等,但你日常在头脑中却想着明天约哪个朋友,去哪里吃好吃的,看什么样的电影等。你想要获得的成果,和日常的想法根本不一致,那你成功的概率微乎其微。

语写也是如此，要诚实地面对头脑中的想法，想到什么就写什么，不用评判写得好坏，刚开始都需要几十万字的练习。另外，要坚持每日进行语写训练，写到一定程度你会发现你对自己是有要求的，原来自己的真实想法是这样的。

只有将想法写下来，才能进一步分析自己所写出来的到底是幻想还是事实。很多时候，头脑中的想法只是个人的幻想，但你误把它当成了事实。成功的人都有一个重要的特质，就是把自己的注意力放在重要的事实上，而不是浪费在不重要的幻想上。

现在是信息大爆炸的时代，也是营销过剩的时代，你有没有思考过：你的想法是真实发生的，还是被营销出来的结果？你周围有没有这样的人：别人说什么他就去做什么，不加分析地全盘接受，把别人的梦想当成自己的梦想，把别人的情绪当成自己的情绪，乃至当别人愤怒地对他时，自己的情绪也会被点燃。不用全部接受你所听到的和看到的，以坚持事实为生活的原则，这样很多麻烦事会离你远远的。

4.4.2 在行动中思考

拥有数据化的思维，在行动中思考，会产生巨大的力量。思考的基础不应该建立在虚无缥缈的幻想中，而应该有真实的数据做支撑。妈妈一天陪伴孩子的时间是多少，自我成长的时间有多长，一个月内和朋友交流的次数有多少等，这些都应该做到心中有数。每个人的心中都有一杆秤，数据只有落定才能调整，向着好的方向前进，哪怕只有一步也是进步。

有行动就会有感受和评价，要正确评价自己和他人，既能够看到自己和他人的优势，又能够看到自己和他人的劣势。正如一句话所说：我不相信我可以欺骗他人，因为我知道我不能欺骗我自己。

柳比歇夫坚持做时间记录，把每笔"时间花销"通通用白纸黑字记录下来，坚持以事实为研究基础，并对记录的数据进行分析，撰写报告，在行动中思考，这才做出显著成果。他把时间花费在重要的事项上，为社会做出了卓越贡献，让生活过得有滋有味。

通过日积月累地进行做记录，他非常清楚自己一天的时间安排，在事实的基础上工作，在工作中产生了极强的自信心和笃定感，工作效率也比一般人高。他能做到在行动中调整，在调整中超越。

4.4.3　用暗示促进思考

积极的心理暗示有助于促进思考。人在放松的状态下，给自己一些积极的心理暗示，会得到意想不到的结果。你是怎样想的，你就是怎样的人。往好的方向思考，自然能够得到好的结果。人的注意力有限，要把注意力放在正确的方向上。

减少消极的对话，给自己积极的心理暗示。你想在什么时候变好都不晚，只要多给自己一些积极的心理暗示。比如，有人说了一些你不喜欢听的话，这时你可以进行积极的心理暗示：他是来考验自己度量的，我要体现自己的大度，不跟他计较。不要给自己贴上"失败""不行"的标签，人生有很多活法，一条路走不通，就寻找另一条路。

把主动权交给自己。除了在心理上积极暗示，也可以在行为上积极暗示。比如，走路时挺胸抬头，会让自己很有精神；出门时照照镜子，整理好仪表，会让自己对自身形象有一个积极的评价；学习时整理好桌面，摆放好物品，会让自己更加从容、有条理；说话时清晰大方，会让自己更加自信沉稳……这些看似微不足道的细节调整，会不知不觉地影响一个人的精神风貌。通过行为方面的暗示，可以把主动权交给自己。

让自己过好是一种能力。不仅需要让身体过好，更需要让精神过好。你有没有坚持做一件事情三年以上？如果有，那恭喜你，你的精神层面有了一定的支撑。因为长久做一件事情会带来很多好处，让人精神愉悦。

每天至少要进行 15 分钟的身体锻炼，并留出 15 分钟的时间进行精神食粮的摄入。哪怕在碎片化的时间完成，也会给你带来不一样的改变。如果一个人决心让自己过得好，那他一定能够做到。

妈妈们在日常生活中容易陷入负面自我暗示的陷阱，觉得遇到困难时无能为力，这时更要启动积极的自我暗示。不断和自己说：在每天的生活里我都有主动权，能让自己过得更好。

4.4.4 遵循真理法则

真理之布由一根纱线织成。把事情看得越简单，就越接近真实，也就越接近真理，所谓大道至简。父母和老师从小在我们耳边讲了许多真理法则，如待人友善、做事勤劳、诚实守信、不贪婪……父母和老师教导的这些真理法则，就是我们在人生历程中应当遵守的规范。人生没有那么复杂，只要抓住事物的本质，遵循真理法则，幸福生活就会来到我们身边。

稻盛和夫在《活法》一书中写道："所谓'原理原则'，用极其单纯的一句话表达，就是'作为人，何谓正确'。"每个人都有不懂和缺乏经验的时候，但只要大方向不变，做任何事都遵循一定的真理法则，就不会做错。

4.4.5 进行全局系统化思考

"只见树木，不见森林"是常见的单点思考结果。

有这样一则经典的故事：有两位年轻人，一个叫约翰，一个叫哈里，两人同时进入一家蔬菜贸易公司工作。

3个月后，哈里很不高兴地走进总经理办公室，向总经理抱怨："我和约翰同时来到公司，现在约翰的薪水已经涨了一倍，职位也晋升到了部门主管。而我每天勤勤恳恳地工作，从来没有迟到和早退过，对上司交代的任务也能按时按量地完成，从来没有拖沓过。可是为什么我的薪水一点儿也没涨,职位依然是公司的普通职员呢?"

总经理没有马上回答哈里的问题,而是意味深长地对他说:"这样吧,现在公司打算预订一批土豆,你先去看一下哪里有卖的,回来我再回答你的问题。"

于是,哈里走出总经理办公室,找卖土豆的蔬菜市场去了。半小时后,哈里急匆匆地回到总经理办公室,汇报说:"20千米外的'集农蔬菜批发中心'有土豆卖。"

总经理听后问道:"一共有几家在卖?"

哈里挠了挠头,说:"我刚才只看到有卖的,没看到有几家,您稍等一会儿,我再去看一下!"说完,哈里又急匆匆地跑了出去。

20分钟后,哈里喘着粗气再次跑到总经理办公室汇报:"报告总经理!一共有3家卖土豆的。"

总经理又问他:"土豆的价格是多少?3家的价格都一样吗?"

哈里愣了一下，又挠了挠头，说："总经理，您再等一会儿，我再去问一下。"说完，哈里就要往外跑。

这时，总经理叫住他："不用再去了，你去帮我把约翰叫来吧。"

3分钟后，哈里和约翰一起来到总经理办公室。总经理先对哈里说："你先在这里休息一下吧。"再对约翰说："现在公司打算预订一批土豆，你去看一下哪里有卖的。"

40分钟后，约翰回来了，向总经理汇报："20千米外的'集农蔬菜批发中心'有3家卖土豆的，其中2家卖0.9美元一斤，只有1家老头卖0.8美元一斤。

"我看了一下他们的土豆，发现老头家的不仅最便宜，而且质量最好，因为他是在最近的农园里种植的。如果需要的话，价格还可以更优惠些，并且他家有货车，可以免费送货上门。

"我已经把那老头带来了，就在公司大门外等着，要不要让他进来具体洽谈一下？"

总经理说道："不用了，你让他先回去吧！"

于是，约翰就出去了。

这时，总经理看着在办公室里目瞪口呆的哈里，问道："你都看到了吧！如果你是总经理，那你会给谁升职加薪呢？"

哈里惭愧地低下了头。

这则故事体现了两名员工在处理同一项工作任务时所采取的不同的工作态度和思考方式，哈里采取的是典型的单点思考，而约翰则采取全局系统化思考。这则故事告诉我们，遇事要多进行全局系统化思考，比别人多走几步。

4.5 两招提升大脑思考能力

人类在出生时的神经元数量约为 1000 亿个，成年人的神经元数量为 860 亿~870 亿个。随着时间的推移，神经元的数量会逐渐减少，并形成更加复杂和精细的神经网络，对记忆力、协调性及大脑功能产生影响。

大脑就像一台机器，越用越灵活，遵循着"用进废退"的原则。

4.5.1 学会提问

启用大脑进行思考，只需要一招，就是提问。学会了提问，就意味着手中握住了非常强悍的武器。比如，在提问时，如果你想要对方给出一个非常明确的回答，就要用封闭式的提问。如果你想要和对方进行深入的沟通及互动，就要用开放式的提问，让对方说出自己的想法，以便更深刻地认识他。

在不同的场合下所提出的问题会各有侧重，思考的方向也会不一样。这里主要聚焦"妈妈"这一人群的思考，包括对外的人际关系、对内的自我成长和解决问题的能力。

妈妈的人际关系分为五大块：亲子关系、夫妻关系、父母关系、同事关系和朋友关系。自我成长的能力包含技能、认知和关系三大方面，解决问题的能力贯穿始终。

为什么提问那么有效？因为提问更能促进思考。比如，在上课时，如果老师一直讲课，那你可能听得有点浑浑噩噩，一旦老师说，"接下来我要提问了"，你的大脑是不是立即就清醒了，生怕老师提问你。

提问比陈述的威力要大得多，会引起大脑的注意。对比以下两句话：

（1）好的亲子关系，建立在无条件的爱上。

（2）好的亲子关系，有一个共同的特征，是什么呢？

哪句更能激发你的思考？显然是第二句。第一句看过就知道了，可能不会给你留下什么印象；而第二句不仅会引起你的注意，还会促使你在大脑中思考答案，这样你的印象就会更深刻。

把握好提问的方式，能最大限度地激发你的思考。

4.5.2　用好 GROW 模型

GROW 模型是教练技术中常用的有效工具之一，它是围绕设定的目标寻找解决方案的有效工具，其目的是通过启发和引导的方式，帮助人们自行找到答案并确定行动方案。

其具体解释如下。

Goal（目标）：

（1）你的目标是什么？

（2）衡量目标的标准是什么？

（3）对于这个目标，你有多大的控制力？

（4）你想什么时候达成这个目标？

Reality（现状）：

（1）现在的情况怎么样？

（2）到目前为止做了哪些努力？结果如何？

（3）主要的障碍是什么？

（4）你期待的目标可行吗？

Options（方案）：

（1）请想象一下，做什么来推进目标的达成？

（2）需要如何改进？

（3）有没有哪些方面是你特别感兴趣，需要进一步思考的？

（4）如果根据目前的这些方案开始行动，那你应该怎么做呢？

Will（行动）：

（1）行动的障碍是什么？

（2）这样做可以在多大程度上达成目标？如果不能达成，那还缺少什么？

（3）怎样消除这些阻碍因素？

（4）下一步做什么？什么时候开始？

用好 GROW 模型的关键是不要纠结现状，一直问"为什么"，而要聚焦目标，把注意力放在寻找解决方案上，然后制订下一步的行动计划并执行。

4.6　如何进行正念思考

正念，就是观察当下心念的能力，通俗来讲，就是增强注意力、调节情绪、接纳当下的能力。正念思考重在"正念"，所谓的"正念"并非简单的正面想法，而是在思想上的静心。

正念思考的方式是冥想，冥想对我们的身心大有益处。通过冥想，我们能够不断体验到身心的变化，如一个又一个念头的产生和消散，一种又一种感觉的出现和消泯，一次又一次情绪的波动和消失。这种身体实验所研究的对象就是身心的变化，以及自己对变化的觉察。

变化的视角让我们不再局限于一时，而是能够看得更长远，更有历史的眼光。变化是常态，世间唯一不变的就是变化。平常如果和婆婆有一些矛盾，我就会用冥想的方式，或者用语写的方式进行快速调节。

比如，我的大儿子小时候在家里不太喜欢穿鞋子走路，有时候甚至不穿袜子就到处探索。在我的认知中，这种行为是可行的，因为我从小就喜欢在夏天光着脚，那种感觉非常舒服，无拘无束。但我的婆婆从小就没有光着脚的习惯，她认为孩子不能光着脚，否则会着凉，哪怕在炎热的夏天也一样。我俩一天中会上演多次这种心理战，经过频繁地摩擦，我想明白了：既然不能改变他人的想法，就只能改变自己的想法。孩子在客厅时，我会让他穿上鞋子，但如果孩子跟我在卧室里玩，我就会允许他脱掉鞋子奔跑。

不同的人因为视角不同、想法不同，导致行为结果不同。我们要接纳他人，要看出中间的变化。这件事也给我上了一课，让我看到自己思维的转变，从纠结、生气到理解，再到求同存异。

正念思考是一种解放心理的方式，能使人从消极的情绪中走出来，拥有积极乐观的人生态度。学会正念思考，拥有更开阔的胸怀。那如何进行正念思考呢？有三种方式：学会按下暂停键，真正关注自己和他人，成为一位出色的创造者。

4.6.1　学会按下暂停键

王小波在《黄金时代》中说：

> 那一天我二十一岁,在我一生的黄金时代,我有好多奢望。我想爱,想吃,还想在一瞬间变成天上半明半暗的云。后来我才知道,生活就是个缓慢受锤的过程,人一天天老下去,奢望也一天天消失,最后变得像挨了锤的牛一样。可是我过二十一岁生日时没有预见到这一点。我觉得自己会永远生猛下去,什么也锤不了我。

人生本来就是用来体验的,你是想被动地挨锤还是想主动地体验?如果一直随波逐流,为了工作而工作,为了生活而生活,那和行尸走肉有何区别?

何不大胆给自己按下暂停键,适时给自己留出正念思考的时间,让自己清晰地感知我是在鲜活地活着,而不是像机器人一样每天两点一线地工作和生活,让自己清晰地感知方向和归途,进而潇洒地行走。

每天给自己留出一段独处的时间,一段"无意义"的静默时间,即使只有 15 分钟,也可以帮助自己培养保持清醒的能力,慢慢掌握在繁忙瞬间按下暂停键的技巧。

4.6.2　真正关注自己和他人

你有多久没有好好倾听自己内心的声音，好好倾听他人的讲话了？不是敷衍了事，而是真正与自己同频、与他人同频，那一股流动的能量能让你感觉到特别欣慰。

只有把自己照顾好，才能更好地照顾他人。怎样才是真正关注自己？关键是要接纳自己，少一些批判。

过去，我是一个习惯自我批判的人，刚开始我还不承认，觉得自己比较随缘。可等我细细回想才发现，自己的思维模式受环境的影响还是很大的。比如，看到某人分享成长经验，我之前的第一反应是，他肯定有自己的资源，有好人脉辅助，像我这种没人脉、没背景的人，哪有那么好命，道理我也都懂，可有什么用？殊不知，我看到的种种都是消极的一面，这才是我没能成功的关键。如果一直处于低频的状态，不肯主动往高频走，哪怕真的有贵人相助，也会硬生生赶走机会。

有时候，我们生活在固定的环境中感觉不出来，只有跳出来与他人碰撞，才知道原来自己认为的优秀女性也会有这个问题。哪怕已经取得一些成绩，她也会进行自我批判，对自己不自信，不肯接纳自己。这是因为受一定的传统文化的影响，我们倡导要谦逊、不要张扬，但其实万事万物都有一个度，只要把握好这个度，就有利于成长和进步。

如果能从固定的环境中跳出来，就会发现更大的世界。每个人都需要正向反馈，使思想和行动形成良性的正向循环。那怎么办？我们已经发现了一些端倪。如同电影《楚门的世界》，楚门从小到大都被导演操控着生活和工作，周围的人都知道，唯独他不知道。在发现真相后，他毅然决然地走出设定的世界，哪怕要付出沉重的代价，他也心甘情愿，这是自主选择的结果。

你准备好了吗？先说好，困难是一定会遇到的。以前不爱运动的我，突然想要强身健体，跑了几圈之后感觉大腿肌肉特别酸痛，由于之前很少运动，所以身体会不适应。同理，在舒适区待太久了，一下子想要突破，会有一段不舒服的阶段，但只要方向是对的，树立起再难也要走下去的决心，事情就一定能做成。

想要减少自我批判的次数，可以用戴手圈的方式。只要批判自己一次，就换一只手戴手圈，用显性化的方式提醒大脑，等到做的次数足够多，能引起重视了，也就能慢慢改变自我批判的习惯了。或者可以用《零极限》里提到的"默念四句话"：对不起，请原谅，谢谢你，我爱你。有意识地提醒大脑，减少自我批判的次数。

每个人的关注点都在自己身上，希望他人能够关心自己，这没有错，因为只有爱满才能自溢。但如果想赢得更多诚挚的情谊，就必须把注意力放在他人身上，夫妻关系如此，亲子关系如此，同事关系、朋友关系也是如此。有一句话：陪伴是最长情的告白。关注他人，也是关注自己。

人在做自己擅长的事时，会闪闪发光，并且关注到他人的需求，一身轻松。但如果面对比较有压力的场景，那内心会恐惧，想要逃离现场，不敢讲话。在日常生活或工作中，如果遇到比自己优秀的人，看着别人侃侃而谈、滔滔不绝地讲述自己的观点，有理有据地展开话题，心里就会感觉不如别人，哪怕自己有话说，话到嘴边也会收起来，害怕说错话被别人嘲笑。

一旦回到自己熟悉的领域，做自己熟悉的工作，见到自己熟悉的同事，整个人的状态就会改变。仿佛回到了自己的主战场，周边是熟悉的"战友"，使用自己擅长的"武器"，参与一场熟悉的"战役",信心满满,全力迎战。两种状态,判若两人。

其中的区别在于,前者是自己不擅长的,所以会产生恐惧和害怕的心理,而后者是自己擅长的,做起来会得心应手。这也从侧面启发我们,做自己擅长的事,会感觉整个人生都在发光发彩。不用去赢得全世界,只需要做好自己能够做的就可以了。

4.6.3　成为一位出色的创造者

我们生活在富足的社会中,是因为有一些优秀的创造者,他们作为领头羊,带领我们不断探索,使整个世界焕然一新。他们也是指挥家,指导着整个乐团奏起新的乐章。一位正面思考者,无时无刻不在进行创造,头脑一变,创意无限。一位积极的正面思考者也是一位出色的创造者,不会因为过多的纠结而陷入情绪内耗,总是想着怎样做才更顺畅,怎样才是当下最好的安排,怎样才能创造出更好的作品。

没有人能够跨越时空,但是创造者创造出的作品可以。为什么说文字很重要?因为它可以跨越时空。如果你觉得写一本书有难度,那是不是可以写一篇文章?如果你觉得写一篇文章还有难度,那是不是可以写一小段思想片段?哪怕是在读了书后写下的真实感受,也是你的作品。作品不分大小,只看你有没有用心在创造。

成为一位出色的创造者的首要前提,是要有创造思维。有了这种思维,在做任何事时都会事先布局。

比如,一位妈妈非常喜欢做早餐,她每天早上都会给孩子做不重样的早餐并摆盘,之后拍照留念。当她有意识地把这件事当成创造行为,当成她的作品时,她会更加认真地对待,更加用心地做好。经过一年的努力,当她看到365张不重样的早餐图片时,她会非常震撼。这是作品带给我们的震撼感,一两天可能看不出什么变化,但经过日积月累,多个小作品汇聚成一个大作品,我们的大脑一下子就会被唤醒。

还有的妈妈日常大部分时间都要照顾孩子,会抽空翻开一本书来看,并把自己看后的所思所想记录下来,整理成一篇篇小文章。等到再回头翻看时,才发现自己不仅看了很多本书,而且留下了笔记,她会感叹自己当时写下的文字多么重要,证明自己阅读过、思考过。只要有了创造思维,就可以把自己变成一位创造者,创造属于自己的作品。

有了创造思维后,就要立即行动,开始创造。有时候,一个人处在一个安静的环境中,进行一两组深呼吸,会感觉非常幸福,感觉自己真实地活在当下,已经想不起以前鸡飞狗跳的生活,能够体验到这个美妙的世界,能够跟自己亲爱的家人、朋友在一起,这是多少钱都换不来的心境。深深地感恩我们有这样一种觉察力。要允许自己的生活鸡飞狗跳,也要向往更好的生活。

我写这本书也是因为有了创造思维,哪怕刚开始写得不怎么好,也会进行自我批判,但至少我行动了。行动大于一切,我更加享受写作的时间,这是一段难得的时光。每个人都可以选择以不同的方式进行创造,与自己相处。有时候,并不是我们不喜欢,而是我们不知道,没尝试过这种方式是否适合自己。只有进行实践,心里才有底。

哪怕只是创造出小小的作品,内心也会非常雀跃。就好像看到一个小生命呱呱坠地,这种体验让人觉得生活是有盼头的。无论当下遇到什么样的挑战,都可以选择创造,当一位创造者,做自己的英雄。

有时候，我在写书时也会遇到很多困难，比如写不出，不想写，身体不舒服，想出去玩，被孩子再三打断等。但我始终相信，这些困难只是一次一次地试探自己到底是不是真正的创造者。一位真正的创造者是无所畏惧的，他并不是没有遇到困难，而是在遇到困难之后选择更好的应对方式，让自己突出重围。

我很感激自己有了这样一次选择，有了这样一次决策，让自己把更多的心力投放在每一个小小的作品上、每一篇小小的文章里。我希望看到这里的读者，也能够思考你当下想要创造什么，想要当一位什么样的创造者。

好不容易来世间体验一次，不能让自己空手而归，一定要留下点什么。让我们共同创造一片安静的净土，让自己不再焦躁，不再把散乱的、焦虑的思绪发散到四周。你会为你的做法而感到骄傲，你的心也会找到寄居处。

祝福你，朋友。

第 5 章 输出

5.1 语言的魅力
5.2 语写到底有什么魔力
5.3 写作的五个魔法
5.4 几种常见的语写方法
5.5 提高写作效率的几个小技巧
5.6 给"语写人"的三个锦囊
5.7 流水账式的人生也一样精彩
5.8 如何通过语写进行自我革新

5.1 语言的魅力

语言是思想的外衣。做一个言行一致的人，通过语言助力人生。你内心是怎么想的，通过语言表现出来，会感觉非常惬意。你也许会说，有的人会口是心非，当然也不排除有这类人，但我相信他们的内心并不好受。他们也许就是差了一次学习的机会或正向圈子的熏陶，通过学习他人，让自己活得言行一致，不用遮遮掩掩，而是自在大方。这也是一种学习，通过他人体验自我，认识自我。

语言呈现出来的世界是彩色的，还是黑白灰的，这取决于自己。通过对方的语言，可以得知对方是一个内心世界丰富的人，还是一个单调无趣的人。可以到现实中去感受一下，不是通过眼睛，而是用心去感受。通过对方的语言，可以更加深入地了解对方。一个言行一致的人是有力量的，能够感染周围的人。

语言是思想的外延。语言能够代表思想，但又不能完全代表思想，仅代表一部分思想。语言存在天生的局限性，但这并不代表它就没办法更好地表现思想。可以通过各种肢体语言、各种面部表情、各种与人或大自然打交道的反馈，来让思想更好地表现出来。很多时候，很感叹虽然大自然不语，但是给了我们很多的指导方向和答案。这正应了那句话：此时无声胜有声。

拓展知觉可使思想更加开放，接纳自己可使知觉拓展得更广。当你能够接纳自己时，你的心胸便变得更加开阔，你的语言也会变得更加积极，很多好事会被你吸引而来。此时你所做的事情、所交流的人物、所面对的机会，都会向你自动靠拢，好的心情又会带来美妙的、正向的语言，如此良性循环。

思想是根本，语言是通道。在与现实世界碰撞的过程中，你会产生很多思想，并通过语言的这条通道表现出来，与他人更好地进行交流，以便得到不一样的启发。如果你想改变自己的思想，那也可以通过语言这条通道切入，对自己说一些好话，说一些正向的语言。

如果仅依靠以前重复的动作或旧有的语言模式，想要改变人生，那简直是天方夜谭。你的语言要和思想保持一致，只有保证内心是不冲突的，才有可能改变人生。比如，坚决相信自己一定会变好，同时平常输出的语言要比较积极正向，坚持一段时间，你会发现到了某个临界点，自己的人生真的发生了改变。想法转变成现实需要一段时间，你要耐心等待，就好像黎明来临之前都需要度过一段黑暗期。

通过日常不断地加强语言训练，你的觉察力会越来越强。语言能够改写命运，这是语言的魅力之处，也是心想事成的秘密之法。如果你想让自己变得越来越好，就一定要在语写中不断地创造，说出自己想要的生活，说得越详细越好。你是怎么想的，就是怎样的人。

心想事成需要三个步骤：第一，有坚定的信念，或者说是欲望；第二，用内在能量驱动行为，不断在现实中实践；第三，不断调整行为，直到成功。而做到这三步的前提，是改变自己说话的方式。只要做到这一点，你就能改变你的世界。心想事成不是一句祝福语，而是一个事实。

5.2 语写到底有什么魔力

语写到底有什么魔力？每天语写一万字，到底有什么用？在语写的过程中能够坚持下来的人，其幸福点一定多于痛苦点。

5.2.1 语写，让思维被自己看见

刚开始语写时，可能说到一半就忘记前面说了些什么，但如果你能够把它记录下来，看到自己的整个思考痕迹，追溯到刚开始畅想的话题，那你的语言自然也就顺畅了。

特别是经过时间的检验，再回看过去，对于自己所记录的文字会有不一样的思考。因为随着阅历的增长，你对某件事情的看法也会改变，这就可以不断查漏补缺，让自己看到以往看不到的点。

如果在语写之前先思考一下说话的框架，就能更加游刃有余，不会跑出边界。有框架并不意味着束缚，而是能够让你更加畅所欲言，就好像学习游泳一样，刚开始有个游泳圈，能够让你更加放心大胆地游。

5.2.2 语写，让思维重新被思考

语写就是用说话的方式让大脑进行更加清晰的思考。虽然说出来的话不能囊括所有的想法，但是至少可以显现出一部分想法。只要对这一部分想法进行更加深入的思考，就能取得更大的进步。

抓住能够抓住的想法并将它说出来，可以让大脑进行更好的评估，不要让它一直留在大脑中。在说话的过程中可能会碰撞出新的火花，这是非常重要的一部分。但如果你不说出来，只是在大脑中去想，就无法真正地把你的灵感展现出来。

有一天，我在带娃的时候写东西，用三个关键词进行了即兴演讲：玩具、树木和头盔。我是这样讲的：小朋友拿着玩具在家里玩耍，突然之间发现阳台上有一棵小小的树苗长成了一棵大大的树木，原来是一位戴着头盔的警察叔叔不小心把这棵树苗放到他们家里，以至于家里长出了一棵大树。说的过程非常开心，想到什么就说什么，发挥自己的想象力，这就是语写带来的乐趣。

大脑会对自己有所要求，有时候我会觉得自己这一点做得并

不是特别好，但如果用说话的方式真正去思考：自己真的没有做得好的地方吗？肯定是有的，每个人做事的背后都有正向意图，重要的是大脑可以进行正向的反馈，让自己下一次做得更好。

5.2.3　语写，让自己和自己对话

不知道你在日常生活中会不会有自言自语的时候。在语写的过程中，我会不断观察自己说出来的信息是正向的还是负向的，是事实还是感受。现在我也会将这套方法运用到别人身上，如在别人说出一段文字之后，我会在大脑中迅速判断对方说的到底是事实还是感受，以此来调整自己的情绪。

当你用正向的语言对自己说话时，会发现说着说着越来越有力量、越来越嗨，所以要多用语言的清水浇灌自己，浇灌他人。

5.2.4　语写，让他人了解自己的思维

每个人的思维都有一些盲区，当你在陈述自己的观点时，别人可能会有另外一个观点。

这时，你可以将自己的想法说出来与别人进行跨时空的交流，这本身就非常酷。俗话说，三个臭皮匠，赛过诸葛亮。

我之前也分享过，如果你与伴侣发生一些愉快或不愉快的情况，则可以快速记录，然后呈现给对方看，与对方交流。

说话，是嘴巴自己在思考。

在没有被说出来的时候，想法会在大脑中以某种模糊的、抽象的形式存在，一旦将想法说出来，它就是清晰的、形象的。说到某一个关键词时，特别是引起你注意的、勾起你回忆的，或者你向往的关键词，你的大脑就会自动构建相应的画面。

你越不开始写就越没有话说，只要你开始写，哪怕只是把一些不成熟的想法记录下来，再进行拓展，你就会发现自己在语写的路上越走越远。

刚开始我也觉得自己没有什么话可说，没有什么内容可写，等到真正去实践我才发现，自己的每一天都是崭新的。祝大家语写快乐，输出倒逼输入。

5.3 写作的五个魔法

写作和其他技能类的项目一样，都是熟能生巧的过程，需要时刻练习。语写的门槛比较低，只要你会说话就能写出文章。但要想写得好，写出自己的心声，除了提高速度和正确率、锻炼节奏感，还要对主题有所要求。这里并不会教你如何写出一篇好文章，但会告诉你写作的五个魔法，让你在写作的路上更顺利，享受写作的过程。

5.3.1 第一个魔法：如果想写，就一定能写

写作没那么"高大上"，特别是语写，它的要求没那么高，但也并不是没要求。只要你怀着"如果想写，就一定能写"的心态坚持写，就能写出让自己惊叹的文章，要不你现在试试看。从"我喜欢"这个句式开始写，你会发现人生中有很多自己偏爱的事物。比如，我喜欢看大海，我喜欢美丽的花朵，我喜欢和家人在一起，我喜欢和幽默的同事交流，等等。

人的大脑中存储着很多信息，只是你平常没有为它打开闸口。而忙碌的生活又让你自顾不暇，没办法真正停下来。当你

尝试着让自己停下来，思索一下自己喜欢什么东西时，大脑就会把你想要的东西一一展现出来。有时候写出来的内容连你自己都惊叹：哇，原来我的大脑什么都记得，原来那是我所在意的。你会发现很多有趣的事物会回到你身边，让你觉得人生很值得。

写作，写出此时此地此人。现在的你处于什么时间，现在的你在哪里，现在的你感受如何，都可以写出来，用当下的力量唤醒沉睡的大脑。当你失意时，当你欢乐时，当你苦恼时，当你惆怅时，当你取得成就时，掏出手机立即进行语写吧，它会让你发现不一样的世界。请记住，如果想写，就一定能写。不要再说自己不会写，那是借口，是推辞，让更多人看见你、发现你，留下更多珍贵的文字，哪怕是最朴实的话，也是独一无二的你写出来的。

5.3.2　第二个魔法：固定写作的时间和地点

人的大脑非常喜欢自动自发地做事情，它不喜欢复杂，而是喜欢简单。在写作时，要好好利用大脑的这个特性。如果平常没有固定写作的时间和地点，大脑就会觉得很有压力，认为那是一项任务。一旦固定下来写作的时间和地点,到点就去某地做这件事情,养成习惯,大脑就会非常乐意去接纳和执行。

每天早上,我会固定在六点进行语写训练,哪怕没有训练一万字,但只要我开始这个动作,大脑就会立即有反应,知道我对这件事情是认真的。经过半年以上的训练,大脑会自然而然配合我每天早上拿起手机进行语写训练,根本不用有太多的纠结,或者是心理拉锯战。

至于写作的地点,我一般选择在卧室或厕所,反正是家里的某个角落,因为这些地方的可控性比较强。虽然说要固定地点,但也并不是常年在一个地方,我偶尔也会选择到户外去探索不一样的写作场景,让自己的写作内容更加丰富。看到什么样的场景,思绪就会随着场景而转移。有的人喜欢在家里,有的人喜欢在户外,只有多多尝试,才能选择自己喜欢的地点。

固定写作的时间和地点,让决策成本变得更低,让行动力变得更强。只要定下时间,就好像给大脑设置了闹钟,时间一到立即行动,这是一种解决问题的有效的行动方案。如果一直做计划却没有落实,计划堆积得越来越多,行动却遥遥无期,你就会质疑自身的状态。随着一次小小的调整,用时间和地点的支点来撬动你的行动力量，一切就会变得有可能。

5.3.3　第三个魔法：找到自己的写作风格

有的人喜欢强硬的伴侣，有的人喜欢随性的伴侣，有的人喜欢规矩的伴侣，每个人喜欢的伴侣类型不一样，写作风格也不一样。你要尝试着找到自己的写作风格，看看自己是更喜欢有主题的方式，还是更喜欢自由畅说的方式，抑或是更喜欢非常严谨的方式、反思的方式、感恩的方式、自问自答的方式，等等。

我在这里列举一些词，大家可以对照着看看自己对哪个词更有感觉，它也许就是你的写作风格：充满激情、爱憎分明、清新自然、平易近人、以小见大、雄奇壮丽、飘逸奔放、抑扬顿挫。

写作风格即语言风格，代表着一个人的行事作风。通过阅读一个人的文字作品，可以了解这个人是什么样的行事作风。如果遇到一本书看不下去，那也没关系，不要强求，也许只是当下你还没有办法跟作者进行思想融合，再等等，在未来某个场景下再拿出这本书来看，也许它会深得你心。

如果最终还是不知道自己适合什么样的写作风格，就从自由畅说的方式写起，再去延展和探索，刚开始都需要一段探索的经历。如同试错，试错是为了找到更适合自己的写作风格。一旦定下来，就努力往这个方向做到极致。写作路上，愿得一风格，白首相随之。

5.3.4　第四个魔法：生活即写作

你是怎样生活的，你的写作内容就会呈现出什么样子。前面提到写作风格，不一样的人生，用同样的写作风格写出来，也会有不同的韵味。比如，两个人都是用感恩的方式来写作，一个人喜欢感恩身边的朋友和家人，以人为中心，而另一个人喜欢感恩天地万物，把自己融入整个宇宙中。两个人写出的文字自然不一样。写作风格没有什么对错之分，仅是偏好不同而已。

你喜欢跟什么人在一起，就会写出什么样的文字。有的人会写出活泼乐观的文字，而有的人会写出惆怅哀愁的文字。当你写出的文字越来越多时，你对自身的发现会更加明朗。当然，有的人看着喜欢或不喜欢的文字，会自有感觉从而调整方向。文字是生活的镜子，可以照见你的内心。

如果你不喜欢自己写出的文字，则可以随时修改，让自己的生活更加丰富有趣，你写出的文字自然也会丰富多彩。让自己变成一位生活魔法师。

5.3.5　第五个魔法：起于写作，但不止于写作

当你从自己所做的事情中感受到喜悦时，你会愿意把这份喜悦传递给别人，会想方设法将这份喜悦记录下来。虽然写作写的是自己的感受、经验，但其实也是生活态度和精神的展现。

当别人因为你的文字而受益，或者受到感染和影响时，你所创造出来的积极氛围，会将你和周边的人围在一起，散发出正能量，鼓舞着不同的人往好的方向前进。这意味着你为自己和他人缔造了一段双赢的关系，进入了一座洋溢着爱与温暖的城堡。每个人在他的生命中都是独一无二的，将你的想法展现出来，会吸引到同频的人，所以起于写作，但不止于写作。就像一条河流起于一个源头，却哺育着不一样的人。

写作可以跨越时空，等再过几十年，你的文字依旧会呈现在人们面前，穿越了生命的周期，跨过了时空的震荡，昔日的种种感悟历历在目，通过文字传达给另一个有缘人，这是何等幸福的事。

不用过于纠结，把那些感动、温馨的文字记录下来即可，能够启发、感动你的文字，也会启发、感动现实中的另一个人。

把这写作的五个魔法收入囊中，带着它们上路吧，一天天地写下去，你会发现幸福将来到你的身边。

5.4 几种常见的语写方法

虽然语写过程没有太多的套路，但依旧有规律可循，接下来会分享几种常见的语写方法。有一点要特别说明，在语写的过程中，说废话是必经之路。就如同我们的生活一定要有休闲和娱乐的时间，不可能每时每刻都在认真努力地做事，只有这样我们的生活才会更加平衡。因为有了废话，灵感才显得更加珍贵。

5.4.1 角色演绎大法

角色演绎大法是我平常用得比较多的方法，也是非常有趣的一种语写方法。你可以把自己想象成某个角色，如美少女、皇帝、小老鼠等，或者把自己见到的或认识的任何事物拟人化，把它们想象成任何模样，然后开启奇妙之旅。

记得有一次，我把土豆和番茄拟人化，让"两人"展开了一段奇妙之旅，越写越有趣，写到最后逗得自己哈哈大笑。人生本没有意义，就看你怎样看待它，或者赋予它什么样的意义。很多电影不就是因为拟人化而拍出了大片，如《疯狂动物城》

《爱丽丝梦游仙境》等。大胆发挥自己的想象力，通过角色演绎大法让自己也过上不一样的生活，从这个过程中也许能够找到自己向往的生活。

归纳起来就是，人物＋生活状态，事物/动植物＋拟人化。此时此刻，观察自己周围有什么是你所感兴趣的，从它写起。也可以把自己想象成某个偶像的样子，想象他是怎样的一种行为举止，是怎样的一种说话方式，调换角色，让自己得到意想不到的惊喜。

5.4.2　自问自答大法

一旦在生活中有情绪问题，就相当于埋了一颗地雷，为了避免踩到地雷，可以用自问自答大法让自己走出这个雷区。每个人都会有情绪问题，妈妈们的情绪问题会更加严重。没做妈妈的时候，很多事情都不用顾及，等到做了妈妈，角色增加了，既是妻子，又是儿媳妇，还是孩子的妈，但妈妈们的时间是恒定的，必须在几个角色中取得平衡，多多少少会有一些坏情绪爆发的时候。

有时候，自己一直处于不断循环坏情绪的过程却不自知，而且感到无力。虽然偶尔能够通过外界的力量走出来，但是依旧会回到旧的轨道上。当你站出来，站在第三视角看自己，通过自问自答的方式审视自己的人生时，你会豁然开朗。其实你的内心知道答案，只是有时候被当下的场景和情绪蒙蔽了。

你要养成这样的习惯，一旦产生坏情绪，就赶紧拿出手机记录当下发生了什么事情，自己的感受如何，同时自问怎样才能处理好坏情绪，希望自己怎样做，未来想要达到什么结果。相信内心会有一个声音来回应你，这个声音就叫"内在小孩"。只是你平常不太善于去问"内在小孩"，习惯让他受伤，不去管他，忽视他。

尤其是女性在遇到问题时，一定要先处理好情绪，照顾好"内在小孩"，只有这样才能做好事情。只有内心顺畅，做事才会顺遂。

5.4.3 "为什么"大法

"为什么"大法是"语写人"经常用到的语写方法。如果你当下卡壳，不知道写些什么，则可以问"为什么"。比如，为什么这张桌子是方形的，而不是梯形的？为什么笔是长的，而不是圆的？为什么这朵花是红色的？只要问出"为什么"，大脑就会自动搜索答案来回应你，思绪一下子就通畅了。这有点像电流，刚开始断电，之后接上电，就会有源源不断的电流流过。

这里有一个注意的点，不要在"为什么"后加上不好的现象和感受，不然你就会陷入越来越不好的状态。比如，不要问为什么我的命这么苦，为什么我如此倒霉，否则大脑会自动自发地找寻一些论据来支撑你的论点。原本是想让自己好起来，却因为问错了方向，走错了路。可以问为什么别人会取得如此好的结果，为什么他的人脉资源那么棒，为什么他的生活这样喜乐富足。从这里也可以看出问一个好问题如此重要，它会引导你走向想要的人生。

5.4.4 "我喜欢"大法

如果你刚开始不知道自己喜欢什么，则可以从自己讨厌什么写起，先选择自己讨厌的东西，再思考与它对立的东西是什么，这样就可以写出自己喜欢的东西。比如，我不喜欢说谎的人，那么我喜欢诚实的人，这样就会有很多话题可以写。其实，只要你稍微细想一下，总会找到自己喜欢的东西，只是你平常不敢说出来。

吃喝拉撒睡，是凡人的俗事。在这些俗事中，每个人的喜好程度各不相同。俗话说，民以食为天，吃应该是凡人的头等大事。从食物写起会更容易些，如我喜欢什么样的水果，我喜欢什么样的蔬菜，我喜欢什么样的饭等。通过吃，你也可以找到一群同频的伙伴。如果真能对吃研究透彻，那你也算是一位美食家、食物品尝师。当你对某件事情越来越喜欢时，可以往这方面靠拢，思考自己可不可以成为这个领域的专家，或者挖掘出自己的天赋。很多人都是在"我喜欢""我感兴趣"的方面成为更好的自己，走出一条专属的路的。

5.4.5 "我记得"大法

"我记得"三个字，一下子就会把你拉入过往的回忆中。这种方法刚开始可能没那么容易应用，但只要有一个媒介，让你进入过去的时光，回忆就会慢慢向你袭来。比如，翻看手机，找出一年前的任意一张照片，然后从"我记得"三个字写起，你就能写出当下发生了什么事情，从而带动思绪回到之前的场景中。再如，我相信乐于写作的人，大部分在家里都有书，抽取一本书，思索一下是在什么时候买的，当时看了有什么感受，是否记得那本书与其他事物的关联，那本书触动了自己的哪根心弦。

有一个成语叫"触景生情"，而"我记得"大法就是通过接触某一事物，让自己内心的情绪不断涌动，从而写出对该事物的思考和记忆。每个人都有难以忘记的事物，可以借由"我记得"把思绪的阀门打开。特别是写到与亲人相关的事物时，我相信你会写出更加动容的文字。比如，我记得小时候爸爸妈妈骑着小摩托车带着我，外出串亲戚，去看医生，去旅游。这些回忆让我对父母的爱有了更深刻的理解。每个回忆都饱含生命的痕迹，都是写作的好素材。

5.4.6　照镜子写作法

在和妈妈们一起语写的时光里，我会倡导妈妈们通过照镜子的方式来语写。当你看着镜子里的自己时，可以思考自己有多久没有停下来，好好看看自己的眼睛、鼻子、嘴巴、牙齿等。一边看一边说出内心的想法，你会发现自己对生命如此感恩。

活着就是最大的幸福，健康地活着更是无限的幸福。

刚开始，仅是通过照镜子看自己的嘴巴有没有动起来，一旦嘴巴停下来，就要对自己说："为什么停下来？是不是想到了什么？再没有话说，也要持续说下去，只要嘴巴动起来我就赢了。"你会发现自己的嘴巴真的会再次动起来。人的思绪每时每刻都在流动着，只要你善于捕捉，稍微等它一下，就会讲出更多意想不到的话。

通过一段时间的训练，你会发现自己的嘴巴已经能够自动自发地动起来了，不用再给予过多的关注，这下就可以关注自己身体的其他器官，去和它们对话了。比如，看着自己的双手和双脚，看着自己的皮肤，感受流动的血液，你会对它们说些什么？人的身体会自己说话，不要对它漠不关心，多倾听身体真切的声音，会带给你不一样的感受。

通过学习上面几种常见的语写方法，相信会带给你不一样的启发。办法总比困难多，只要你愿意，就一定会写出让自己欣喜的文字。但我想说的是，只要你肯写，无论写出什么文字，都是独一无二的。

5.5 提高写作效率的几个小技巧

因为日常需要写作,所以我会特别关注什么样的动作有利于提高写作效率,什么样的事情会降低写作效率。我发现有几个小技巧不仅能提高写作效率,而且会大大提升写作心情。

5.5.1 绑头发

对长头发的人来说,头发会对写作造成一定的影响。我是长头发,有时候低头在纸上写下一些关键词,或者对着手机讲述某个观点时,我的头发就会出来"作乱"。虽然撩头发只用那么一两秒的时间,但会打断我的写作思路。怎么办?对长头发的人来说,最好的办法就是用橡皮筋把头发扎起来。以前我家先生一次性给我买了 100 根橡皮筋,我觉得非常好用。或者用夹子随手把头发夹住,非常方便。如果是短头发,可以买一些小边夹,把前面的刘海夹起来,避免遮挡眼睛。不要小看这小小的动作,它会影响到写作进程。

5.5.2 准备一张写字桌

一张高度适中的写字桌，对写作来说也非常重要。虽然在地上放置一个懒人沙发，一下子坐上去会感觉非常舒服，但是不利于长期写作。无论是在家里还是在外面，都要尽量找中规中矩的写字桌，并且是长方形桌，因为可能要摆书籍或纸笔，圆形桌没那么方便。另外，尽量安排尺寸比较大的长方形桌，最好是长 60 厘米、宽 40 厘米以上的桌子。工欲善其事，必先利其器。

5.5.3 戴上降噪耳机

只要拥有了一副降噪耳机，就拥有了全世界。这句话一点儿也不夸张，只有亲身体验过，才会感受到它的美好。在写作的过程中戴上降噪耳机，哪怕环境再嘈杂，你也可以尽情地享受属于你的文字世界。我平常比较喜欢去饮品店写作，因为那里有一张非常适合写作的桌子，可里面的工作人员在制作饮品的过程中会发出噪声。在我戴上降噪耳机后，一切都那么自然而然，我全然在自己的世界中翱翔。

如果没有降噪耳机，那你可能会被其他声音影响，有别人谈话的声音，有打电话的声音，有机器转动的声音，一不小心就会把你的思绪带走。所以，请戴上你的降噪耳机，给自己一片净土。

5.5.4　准备一杯喜欢的饮品

在写作的过程中准备一杯喜欢的饮品，使自己的心情愉悦，这也是在进行脑力活动后给自己的一个小小的奖赏。得到奖赏后，大脑会更加配合你，更加开心地为你效劳。

女性可以饮一些花茶，如玫瑰花茶、菊花茶等。因为我不喜欢喝水，所以有时候会泡一杯蜂蜜水。如果去饮品店，那我一般会点珍珠奶茶或红枣姜茶，它们会提升我的幸福感，让我产生源源不断的创作灵感。

5.5.5　准备 A4 纸和彩笔

人的大脑喜欢视觉化和有画面感的东西，当眼睛看到更加清晰的文字和图案时，大脑就会给予你更加明确的反馈。所以，在写作的过程中，要准备 A4 纸和彩笔，以便梳理文章的脉络，及时记录突然想到的关键词，这样会大大提高写作效率，使自己更有思路。

如果有必要，也可以准备一些即时贴，贴在 A4 纸上。但即时贴在张贴一段时间之后，黏性就没那么强了，所以需要用双面胶固定一下。还可以选择自己喜欢的彩笔，用彩笔写出来的文字会让你的心情更好。当你看到一张张写满彩色文字的纸时，会感觉非常有成就感。

5.5.6 关掉微信界面

也许你觉得关掉微信界面这个动作无关紧要，但从我的经验来看，微信确实非常影响写作进程。哪怕平常并没有人给自己发消息，但你已经养成一种习惯，时不时打开微信看一看，或者刷刷朋友圈，有时候突然刷到一段视频，一看就是十几分钟。这对写作者来说是非常致命的，因为写作需要更加专心，但你并不能每时每刻都静下心来写作。所以，要给自己规定一个时间段，在这个时间段里不能打开微信界面，在写作陷入瓶颈时可以闭上眼睛,养精蓄锐,以便再次出发。

以上这几个小技巧,会帮助你在写作时更加专注和有效,赶紧准备起来。

5.6 给"语写人"的三个锦囊

5.6.1 锦囊一：主动找事做，主动找苦吃

人的成就一定要在做事中修炼。好比运动，去健身房也好，去户外也好，一定要主动行动起来。想要提高效率，精准修复身体，还可以找健身教练，主动找苦吃，使身体变得越来越好。

语写也一样，每天抽出一小时完成一万字，梳理自己并进行思考。这也是在找事做，把平常起床之后无意识地刷手机的时间，变成可视化的嘴巴运动的时间。

5.6.2 锦囊二：只有敢想才能成

阅读到这里，相信你对每天一小时一万字的语写训练有了一些了解，只要你认为自己可以做到，就一定能够做到。给自己定下每天完成一万字，每个月语写 21 天的任务，当然上不封顶。你也可以定成每天完成两万字或三万字，只有敢想才能成。先给自己 21 天的期限，再继续往下走。

5.6.3 锦囊三：全然为自己负责

每天早上留出一小时的时间全然为自己负责，在一定的时间里更好地提高效率，锻炼自己的专注力，这会为你做其他事情助力。当你的觉察力越来越强时，你会发现自己受情绪的干扰越来越少，生活越来越幸福。

你可以了，全世界就可以了。

5.7 流水账式的人生也一样精彩

每个人天生都有表达欲。尝试一天不讲话，你会发现自己的头脑中总是会自动蹦出很多想法，让你应接不暇。如果你耐心倾听，保持不批判，就能把日常生活变成一篇篇文章。

5.7.1 不同的视角有不同的体验

同样一颗石头放在你面前，用不同的视角去观察，会看到不同的一面，产生不同的想法。并不是石头会变，而是人的感想会变。人会根据自身的经验，以石头为媒介，在头脑中产生种种画面。

有的人可能只是想到表面光滑的石头，有的人会联想到记忆深处的某个人，而有的人会联想到孙悟空等。不同的人在各自世界中的经验不同，所映射出的场景也大不相同。

5.7.2 每个人都是独一无二的

在这个世界上，没有人的经历和你一模一样，没有人的行为和你毫无二致，没有人的想法和你分毫不差。每个人能够做的贡献只有一个：为人类普遍的经验之池，注入从各自的角度看世界所得到的点滴体会。

我们无法把各自的故事全部描写出来，哪怕只是流水账式的人生，也一样精彩。但可以在现实世界中留下一部部原创作品，让后世的人看到我们是怎样一步步走过来的，是怎样生活的，是怎样思考的。哪怕是平淡无奇的生活，也一样能够写得精彩。

5.7.3 诚实的力量

发生什么就诚实地记录下什么即可，不用写那么多花哨的内容，只有这样才能更连贯地记录生活。如果为了好看，从这拼凑一点儿、从那拼凑一点儿，那到后来会发现整个故事没法看，根本不连续。所以说，诚实是保持作品连贯性最好的方法。你可以不完美，但要有真实的笑脸。

可能你会说，诚实过于残忍，根本无法也不愿意挖掘自己内心深处的思想，其实这都是借口。你可以将它写出来，但不公布。如果一直堵塞在某个环节，就会丧失写下去的动力。只有勇敢跳过去，才能看到光明的路途，这只是一个过程。

5.7.4　发挥想象力

刚开始开车上路，不知道前面会遇到多少个红绿灯，也不知道前面的路况到底如何，只有开到附近才能看清楚。但哪怕是这种情况，也可以发挥想象力，想着一路会有好心情，想着路上可能遇到某个好人，和自己分享途中的故事。这样就能精神抖擞，不再畏首畏尾。

不同的人遇到同一件事会产生不同的反应，因此可以写出不同的故事。无论是好是坏，都可以敞开心扉写下自己的原创故事。来吧，写下你的故事，一篇篇生动且真实的文章就此留在人间。

5.8　如何通过语写进行自我革新

自我革新是一个触及内心深处的过程，是一场让情绪更平稳，让自己更欣赏自己的思想运动。要想推翻以前那个不喜欢的自己，就要在意识层面开始行动。

帮助自己是这样做的，帮助别人也是这样做的。

我们知道人性有很多弱点，所以自我革新必然会受到阻碍，这是再正常不过的事。在自我革新的路上会有很多敌人，如好玩、贪吃、懒惰、忙碌、心情差、疲惫等。不要和它们正面交锋，而是用旁敲侧击的方式打入它们的营地，化敌为友，把握尺寸，完成目标。

有的人自我革新的阻力会比较大，要反复斗争，甚至进行多个回合。这种反复没有多大的害处，它将使勇于变好的你得到一定的锻炼，给后人留下你的精彩故事。

那应该怎样做才能实现目标？了解自己，行动当先，语写实践，是自我革新的"主力军"。

第一，自我革新的胜利，要靠了解自己。

很多人对自己一天的安排并不了解，也不了解自己一天中到底在想些什么。有一种方法可以帮你了解自己：追踪自己的行为和想法，及时记录下来。先记录一个星期，大概知道自己一天在干些什么，时间都花在哪里，每天在想些什么。

其中最重要的一个原则就是真实客观地记录。可以用纸笔记录，也可以用手机的备忘录记录。离开实际数据的支撑，就会产生不切实际的想法和行动方向，因此必须扎扎实实地先把过去的数据"揪"出来。

第二，行动当先，释放内心的天使和魔鬼。

有没有勇气释放内心的天使和魔鬼，将决定自我革新有没有成效。在语写时，可能在刚开始会遇到以下三种情况：

（1）觉得没话说，开不了口。

（2）开了口但认为全都是废话，不是自己想要的结果。

（3）非常在意自己的遣词造句，写了又删，删了又写。

面对这三种情况，要先给自己打气，无论写得好不好，只有写出来才能进行更好的修改，否则想法在头脑中看不到、摸不着，根本无从下手。自我革新的目的是找回自我，第一个任务是在醒着的时候多行动，不被懒惰等因素所困。等行动建立起来之后，接下来就要开展改变认知的任务。

第三，在语写中教育自己。

自我革新是非常私人的事，只能自己解放自己，别人无法代替，只能起到引导方向、注入强心剂的作用。要想真正有所改变，得靠自己从内而外行动起来。上百位学员的实践证明，在语写中进行自我教育、自我批判、自我夸奖，能够改变自己，改善与他人的关系。你差的只是土壤，找块好地扎根进去。

在实践的过程中肯定会遇到阻碍，有的人会因此而中途放弃，但有的人会克服困难，迎难而上。这是自我的斗争，与他人无关。

祝君好运。

第6章 输入

6.1 输入和输出是一对孪生姐妹
6.2 唤醒潜能
6.3 明确目标,突破极限
6.4 培养自信心
6.5 你想成为什么样的人
6.6 你的梦想是什么
6.7 三"时"而立——我的时间记录旅程
6.8 时间就是钱,时间就是命
6.9 低价值感的人如何翻盘
6.10 如何撰写自己的人生剧本
6.11 写作这件事,你为谁而做
6.12 对自己狠一点儿
6.13 女性为什么要语写

6.1 输入和输出是一对孪生姐妹

输入和输出是一对孪生姐妹，只有在两者间取得平衡，才能茁壮成长。如果只是一味输入，就好像吃饱饭撑着，没有及时消化和排出。如果只是一味输出，总有一天井水会干枯。下面先谈谈输入的问题，从三个方面聊起——阅读书、阅读人和阅读大自然，再谈谈输入和输出形成闭环。

6.1.1 阅读书

一个优秀的人，在他的生命中一定有书的陪伴。书是人类进步的阶梯。一个人的人生经历，可以通过一本书浓缩成十几万字呈现在别人眼中，把思想和精神传递给后代。当你困惑时，当你迷茫时，当你想要找寻解决方案时，都可以翻开书找到属于自己的答案。

你遇到过的问题，绝大部分都已经在世界上出现过，只看你愿不愿意寻找这个答案。你不懂的问题别人会懂，专家会提供一系列的配套方案，不要什么事情都自己扛着，要学会借力。

书是人类的好朋友。当你苦闷时，会找到能够倾听内心诉说的书；当你想要学习一项技能时，会找到相对应的提升技能的书；当你想要探讨人生的意义时，会找到为你解开疑惑，寻找生命真谛的书。在一个冬天的午后，沏上一杯茶或准备一杯蜂蜜柠檬水，在暖暖阳光的照射下翻开想要阅读的书，那种幸福感只有当下的自己才能体会到。

不用过于喧嚣，不用过于嘈杂，想要什么样的人生只有自己知道。有的人也许想要轰轰烈烈地生活，但有的人只想安安静静地读一些书，写一些文章。当在书里遇到非常有共鸣的思想碰撞时，会感受到一种只有你知我知的快乐。这不就是我们日常在做的一些事吗？这不就是我们想要表达的语言吗？这不就是我们苦苦追寻的答案吗？

在书里阅读百态人生。每个人都有自己的性格和脾性，每本书也都有自己的看法和观点。如果你觉得这本书和你"气味相投"，就多看两眼，再结合自身的经验好好地落实下去。但如果你读不下去这本书，那也可以等一段时间，等到合适的时候再一次翻看。阅读是一个循序渐进的过程。我从之前无意识地翻书到有意识地读书，再到知道自己更倾向于读什么样的书，这个认知是一步一步建立起来的。

我的周围有一些好朋友，他们平常也并非一定要有书才能生活，只是因为有了阅读，才有了另一种可能。当你觉得无聊，或者想要一个人静静时，可以选择这种低成本的方式，随手翻看几页书，也许会给你带来心灵上的慰藉，因为书有更好的情绪陪伴价值。你可能会说：我一读书就会犯困，就会睡着。其实，把读书当成安眠"神器"，也是非常不错的选择。

每天只读一页书，日积月累，养成习惯后，这件事在你往后的人生中发挥的复利效果，是你当下所不能预见的。

马云被问过这样一个问题："我读过很多书，但后来大部分都被我忘记了，那阅读的意义是什么？"他的回答是这样的："当我还是一个孩子的时候，我吃过很多食物，现在已经记不清吃过什么了，但可以肯定的是，它们中的一部分已经成为我的骨头和肉。"我想，读书的意义就是在不知不觉中改变我们的内在，升华我们的灵魂。

6.1.2 阅读人

蒙台梭利说："儿童是上帝派来的密探。"阅读人，首先一定要跟孩子学习，孩子的纯粹、好奇、好玩的天性，会不断给大人带来启发。每个来到你身边的孩子都是礼物，就看你愿意不愿意接受。如果你愿意敞开心扉接受礼物，就能跟随孩子的脚步去发现和探索世界。

我时常在孩子身上学到待人处事的原则。有一次，我的大儿子想用小刀切蔬菜，孩子的爷爷奶奶并不同意。他们的想法是将孩子置于危险境地的场景能少则少，所以他们不敢让孩子拿小刀。但我的想法不太一样，我会尽量满足孩子的好奇心，在保证有大人看管、安全的情况下允许孩子使用刀具，所以我会让他切蔬菜。他的行为其实是在模仿爷爷切菜、煮菜的样子。

还有一次，孩子想用削刀削东西，我就拿了一根胡萝卜让他削皮。没想到，他竟然能够专注地削一小时。孩子的注意力有时候比大人还长，这是我从他身上学到的，不要用大人的眼光来定义孩子。从孩子的行为和动机入手，阅读他日常的点点滴滴，以及做某件事背后想要达成的目的。

阅读完孩子，接下来阅读女人。女人是感性的动物，与之交流要多关注她的感受，她的情绪顺了，事也就成了。在这个知识爆炸的时代，能够拥有自己独特观点的女人，难能可贵。

如果暂时没办法去远方，没办法去旅行，就先带心灵去旅行。一个女人修炼自己最好的方式，就是在阅读中发现自己的天赋，找到自己的热爱，然后日复一日地坚持。一个女人的气质里，藏着她读过的书、走过的路和爱过的人。希望你我都走在自己想走的路上，活成别人羡慕的样子。

女人的刚柔并济值得我们好好阅读。女人像水一样，柔弱胜刚强。一个女孩成长到女人，再到做母亲的过程，经历了太多的艰难险阻，这足以证明女人的刚强。而女人又天生柔情似水，有着天然伟大的母性，能够容纳孩子的一切。当遇到一件难事时，女人既可以用刚烈的态度去处理，也可以用温柔的方式来解决。

我记得有一次在跟伴侣对话，对方说了一句我不太爱听的话，我的内心仿佛有一头猛兽想要冲出来与他对抗，在头脑中不断演练回怼的后果。但冷静下来之后，我知道硬碰硬对双方并没有好处，于是选择用温柔的方式来应对，避免战火烧得更猛烈。最后不但达到了目的，还让双方的关系更加亲密。阅读女人，感觉对了，一切都成。

阅读完女人，接下来阅读男人。男人在你的印象中如何？男人在原始社会主要负责狩猎，这个狩猎本能演化到现代社会，我们称之为"目标达成"。获取猎物就是目标达成。男人以目标为导向，以达成目标为做事的原则。这恰恰是女人有时所羡慕的，因为女人更注重情感，但男人更注重结果，他们相信有结果才有更多的话语权。随着社会的发展，男人与女人的角色已经变得有些模糊，两者都是独立的个体。做出成果的女人不断冒出来，悄悄撑起半边天。俗话说，男女搭配，干活不累。男女发挥各自的优势，能让世界变得更加美好。阅读男人，要时刻给他们面子，尊严是他们的天。

阅读人，要先阅读外在。虽然人不能仅看外在，但一个内心整洁的人，其外在也不会过于邋遢。有一句话说：别人不会通过你邋遢的外表，去领悟你高贵的灵魂。不用看某个人具体穿了哪些大牌的衣服，只要合体、整洁就好。除了阅读外在，还要阅读内在。观察这个人是真诚地与他人交流，还是人前说一套，人后做一套。与不同的人站在一起，身体会自动做出不同的反应，身体比大脑智慧得多，我们要相信它。

6.1.3 阅读大自然

每每俯身欣赏一朵花的形状、颜色和结构，就会赞叹大自然这只神奇的手。大自然是一本看不完的画册，是一本读不完的好书，大自然中有无穷的奥秘，有无尽的乐趣。

生活在高楼林立的城市中，到处都是钢筋水泥，在各大商超接触各种商品和电子产品，我们很难慢下来。要想更好地体验生命，就要走进大自然。一般在周末，公园里的人会比较多，大家忙了一周，想要好好放松身心，看看红花、绿草、天空、远山、湖水和树木，以及潜伏其中的小动物们，感受大自然的生命律动，从而体验生命的价值。

走进大自然，充分感知这个世界，用眼睛欣赏树的翠绿、湖水的湛蓝，蹲下身闻一闻花草的气味，用耳朵倾听鸟的鸣叫、风的呼唤，在树皮上找寻爬行的蚂蚁，观察它们往哪儿去。在不断接触大自然的过程中，用感官来感知世界，找寻丢失的乐趣。

6.1.4 输入和输出形成闭环

用心去阅读书、阅读人和阅读大自然后，你会发现世间美好的事物多了很多。有了输入，也要有输出。输出是一种学习、一种进步。当输出到一定程度时，会不自觉地思考如何提升输出内容的可读性，这是正常趋势，每个人都想变得更好。当输出到一定量级时，会开始反思自己的输入水平，形成输出和输入互相促进的循环，最终实现两者的交替式螺旋上升。

说话是一种输出。语写是集说和写为一体的写作方式，讲究即兴发挥，自由书写，让潜意识在快速说话的过程中自动显现出来。有时候，你说出来的话连自己都会感到惊讶，不用怀疑，你就是这么棒。

写作是一种输出。写文章需要构思，在大脑中进行排列和组合，把想说的话通过文字展现出来。要先定下主题，梳理提纲，罗列要点，然后像盖房子一样规划文章。

输出是最好的输入，输出是检验学习成果的试金石。你读再多的书，做再多的工作，如果不适时地输出所学的内容，分享所学的知识，那努力的价值就不会被发挥到极致。

孔子说："学而时习之，不亦说乎？"只有将学习和实践结合起来，才能获得最好的学习效果。有再多想法也没用，只有行动才能发挥效用。现在是移动互联网时代，最不缺的就是展示的舞台，微信、微博、B 站，各种自媒体平台都是你的舞台。输入和输出是真正学习的闭环，两者相辅相成，从而提升人的认知。

6.2 唤醒潜能

我们生活在物质富足、氛围和谐的年代。从前，车马很慢，一生只能去一个地方；如今，飞机很快，一生可以周游全世界。人终其一生，就是为了追寻健康的体魄和幸福的生活。

6.2.1 平淡生活

我出生在传统的潮汕家庭，父母是勤劳的生意人。从我记事开始，妈妈就一直在做同一份工作。原本爸爸是在广州开档口卖海鲜，后来市场搬迁，生意也不太好做，他就回到老家和妈妈一起工作。爸爸负责开三轮车，在开市前帮妈妈运送海鲜等货物。等到过了人流高峰，爸爸会去找其他骑三轮车的同伴喝茶，妈妈就继续做收尾工作，生活得踏实且安心。

高中之前的周末或寒暑假，有时候我会和父母一起先去海鲜批发市场进货，再去另一个镇卖海鲜，早上要四五点起床，过节还要三四点起床，夏天还好，冬天寒风刺骨。

我记得有一年冬天，妈妈买了一箱新鲜的鱿鱼，为了让鱿鱼看起来更饱满、更有精神，需要用一点儿淡盐水将它们搅拌激活。由于妈妈要去买其他货物，就让我负责搅拌。出于好奇，我用手碰了一下冰水。天哪，直到现在我还记得自己当时震惊的表情，实在是太凉了，碰到冰水的手指一下子就没了知觉，刺骨的冰水冻结了我的大脑神经。我在心里跟自己说，一定要好好读书。这件事像一颗种子一样深埋在我的心底，激励我前进。

6.2.2 意识觉醒

我从高中起就到学校寄宿，当时的想法和大部分人一样，就是好好学习，考上大学，找份工作。虽然不知路在何方，但是内心怀揣着梦想，跟自己说，一定不要过那种一眼就看到头的生活。

父母希望我嫁给潮汕男生，在我找了潮汕男生后，妈妈又说太远了，这时我才知道妈妈口中的"潮汕男生"，其实是我们镇上的男生，恨不得是邻居家的儿子。然而，我内心的叛逆思想被激活，就是不想找潮汕男生。这时，我的另一半出现了。

我的另一半是湖南的，妈妈听说对方是湖南的，坚决要和我断绝母女关系。潮汕人是不外嫁的,这是父母的观点。可在我的认知里,我只看人的品行,只关心对方和我合不合适,是不是我所欣赏的那类人,有没有责任心和上进心,如此而已。我们找伴侣,要不就是找相似的,要不就是找互补的,但有一点是一样的,就是找的都是自己内心渴望的。

我很欣喜,哪怕自己内心再胆怯,甚至还没完全脱离父母的"管辖",但心里一直有一个声音告诉自己:要听自己的,别人的看法不重要,自己的看法才是最重要的。同时,我很欣赏我的另一半待人处事的方式,他影响了我的思维和做事方式。以前的我人云亦云,随波逐流,不知道自己想要的是什么,后来通过阅读和写作,我发现自己的意识在慢慢觉醒,真正的自我被召唤了出来。

自从 2014 年大学毕业后,周围的朋友都说自己再也没有碰过书,而我非常庆幸,我的家里都是书,因为我有一个爱读书的男朋友。我对书越来越有感觉,也越来越喜欢输出,阅读和写作就像我的老朋友。多花一点儿时间培养阅读和写作的习惯,它们可以陪伴你一辈子。如果你没有任何兴趣爱好,就选择阅读和写作吧,让生活多一点儿色彩。

6.2.3　一旦决定要改变，就必须改变

树立下必须改变的志向后，首要的事就是提升对自己的期许。起心动念很重要，一旦决定要改变，就必须改变，哪怕遇到困难和问题，也会找到解决方案。

一个人的心态好坏决定了他能不能取得成就，能不能得到想要的结果。面对同样一件事情，也许有人是烦闷的、怨恨的、焦躁不安的，有人却是兴奋的、自信的、镇定自若的。

经常遇到孩子哭闹的场景，如在超市里，买不到自己想要的玩具，他就会撒泼打滚。至于处理的结果，取决于父母对此事的看法和心态。父母应该看到孩子真正的需求，了解这是他当下非常渴望得到的玩具，还是仅看到其他小伙伴有类似的玩具才想要，寻找孩子哭闹的原因是最近心情不太好，还是想要玩具却得不到，心情郁闷。要让他尽情地把情绪宣泄出来。

但如果父母就是觉得孩子在无理取闹，每次到超市都要大闹一场，内心愤愤不平，还把孩子打了一顿、骂了一顿，那孩子的内心自然非常受伤。这会给孩子留下不好的印象，对孩子的人生一点儿好处也没有。父母当然希望孩子乖乖听话，但孩

子的情绪管理能力不像大人那么强,需要大人对他进行进一步的引导,帮他疏通情绪,更好地去表达。

一般人在做事时其实是无意识的,尤其是做日常习惯做的事,仅仅依靠某种直觉,依靠以前获得的一些经验来做事。要想更好地改变人生,就要主动、刻意地控制心态,唤醒潜能。

6.3 明确目标，突破极限

人因有目标而成长。如果你不清楚自己的目标，就如同开在路上的车子不知去往何处。有一次，我和老公骑着电动车出门，但不知道目的地是哪里，两个人很纠结，一直在找周边有什么好玩的地方，折腾很久依旧没有结论，整个人觉得很空虚。后来再出门，我们会先定下一个目标地点，人一下子来了精神，打开导航，立即奔向远方，这就是目标带来的意义，让人清楚眼前的路该怎么走。

目标就像靶子，能让你知道射击的方向。有了目标，做事会更加积极。当然，这个目标必须是具体的、可以衡量的、可以实现的。朝着自己的目标一点点努力，就算只取得一点儿成果，也会有成就感。比如出门旅行，妈妈们一般比爸爸们在出门前更具目标性，妈妈们会想着准备一些日常用品，妥善安排孩子的东西，这样会产生正向循环，在出门前更加心安。

明确目标有助于集中注意力。一旦确定向某条路径出发，你的注意力就会聚焦。如果没有目标，就会漫无目的地做事。

如果你每天没有给自己设定一件最重要的事，你的时间就会被琐事分散得支离破碎。这也是我认为早晨起床之后的一小时对妈妈们非常重要的原因，因为这是充电和续命的时间。

目标使你立足当下。如果你的目标很大，则可以将它分解成可践行的小目标。成功的人能把握现在。虽然目标是面向未来的，但如果要实现这个目标，就一定要制定一连串小目标，走好每一小步，铸就一大步。只要集中精力在当前的工作上，内心知道现在所做的努力都是为了实现将来的目标，就能更靠近成功。

很多名人的书都是在他们成功后才写成的。我是一边做一边摸索一边沉淀，用输出倒逼输入，再倒逼输出，这可以是妈妈们的成长路径。为什么要写这本书？我的初心很简单，就是要影响像我一样，想得到成长和突破，却始终不敢踏出重要的一步，想得很多、做得却较少的人。我们的生活大多数时候都是自动驾驶模式，没有一点儿创新，屡屡在讲问题却没有落到解决方案上。这下可以解决这个问题了，在看到自身思维模式的局限性之后，改变就变得更加容易。有一个人，就有两个人，继而有一群人改变。

如果生活只是随风飘扬，就不能落地生根。经历了一段时间的飘扬，内心问自己：自己难道真的不想扎根吗？答案肯定是"想"。那如何才能扎根？目标会带给你答案。有了目标，就会有一种源源不断的力量。目标会带来专注、激情和恒心。

6.3.1 目标

很多人不是不会制定目标，而是不知道自己的目标是什么，不清楚这是自己的目标还是他人的目标，不了解这是不是真实的目标。可以通过以下几种方式制定目标。

1. 通过时间记录制定目标

要想制定真实的目标，不要看自己日常是怎么说的、怎么想的，而要看自己日常是怎么做的。你的目标藏在日常的蛛丝马迹里。可以静下心来想一想，自己在做哪些事时，在哪个时刻，和什么人在一起时会身心愉悦，放松自在。

把每日的时间安排如实记录下来，如在哪个时间段做了什么事，检查记录的内容跟人生目标是否匹配。有的人制定了一个宏伟的目标，但在他的时间记录里，却没有留给这个目标一点儿时间。比如，你的目标是写书，但在你的时间记录里没有一点儿与写书有关的片段，你会相信这是你的目标吗？再如，你的目标是减肥，但在你的时间记录里都是和朋友们吃喝玩乐的片段，没有一点儿涉及健康饮食和运动的片段，你会相信这是你的目标吗？真实地面对自己吧，了解自己到底想活成什么样子。

2. 通过他人的建议设置目标

找到熟悉你的人，或者你信任的人，询问对方的意见。他人站在你的对立面，能看得更清楚，他人给出的建议可以作为一个参考，但并不能尽信他人的说法。听完对方为你设定的目标，经由自己的思考，觉得够一够也许可以够着，就努力尝试。如果实在实现不了，则可以找到实现的路径，算算胜算有多大。

在这里要感谢我家先生，是他告诉我要尽快把自己的书写出来的。我本身就有写书的念头，但我把目标列在 2027 年实现，既然周围有人提醒我，何不看看实现的路径，算算胜算有多大。按照一本书 10 万字，每天写 1000 字计算，100 天就能达成，相比一天一万字的语写训练，好像并不是遥不可及的。为了避免自己偷懒，仅保持三分钟热度，我把这个任务公开，现在无论是微信朋友圈，还是其他自媒体平台，都可以作为监督自己是否懒惰的公开地。

3. 通过罗列清单找寻目标

通过罗列清单找寻目标，刚开始不要受局限，想到什么就写什么，不用考虑通过什么样的路径来实现目标，也不用担心当下的资源能不能支撑自己实现目标。当然，也不能把目标定得太离谱，一点儿实现的可能性都没有。

成功之前，目标先行。为你的梦想列一张清单，包括哪些梦想是想象的，哪些梦想是可以实现的，要成为什么样的人，一生想要和什么人在一起。将你能够想到的种种写在笔记本或A4纸上，要尽可能快、尽可能多地罗列，不用管太多，也不用思考太多。可以对应"生命之花"的几个维度来罗列，如身体状况、财务状况、人际关系、学习成长、家庭生活、工作事业、自我实现、休闲娱乐。

4. 通过喜欢的偶像探寻目标

找到喜欢的偶像，他是助力你前行的一道光。有两种方式：一是找到高段位的偶像，二是找到身边的偶像。我的高段位偶像是奥黛丽·赫本。为了在头脑中加深对她的印象，我看了她演过的所有电影，并且在 2014 年把淘宝昵称改为"麦麦赫本"。我被她的坚忍所折服，以她为榜样，在遇到困难或不肯努力时，就想着她在当下的情况下会做出什么样的选择，不断给自己加油打气。

身边的偶像，我家先生算一个。他的执行力非常强，这是我最佩服的。他会设定自己的做事原则，以长期利益为大方向，不以短期利益为判断标准。你可以把日常能够接触到的人设定为身边的偶像，不断向对方靠近和学习，直至成为你想成为的样子。

5. 通过 5 年计划确定目标

很多人都在不断学习，企图找到出路，并希望有人能成为自己的引路人。这种学习有时是毫无目的的，仅因为别人的课程宣传文案写得好就被吸引，把时间和精力都花费出去，却没有得到太多的回报。要想取得真正的进步，一定要有计划。把自己当成产品，让自己发展成更高阶的产品，以换取更高的价值。

可以通过以下两步确定自己的新目标。

第一步，把现有目标进一步分解。人这一生的目标离不开外在的成就、内在的成长、人际关系三个方面。

第二步，针对以下问题找到答案。

5年后想要取得的成就：

（1）我想要取得什么样的工作成果？

（2）我想要拥有多大的权力？

（3）我想要拿到多高的收入？

（4）我想要住在什么样的房子里？

5年后想要收获的成长：

（1）我希望拥有什么样的身体指标？

（2）我希望和哪类人在一起？

（3）我希望独处时可以做些什么？

（4）我希望和哪些人交流？

（5）我希望自己的影响力达到什么程度？

5年后和身边人的关系：

（1）我和孩子的亲密度如何？

（2）我和另一半相处的舒适度如何？

（3）我希望和父母每年聚多少次？

（4）我如何对待周围的同事关系？

（5）我喜欢参加哪种聚会？

认真对待人生蓝图，只有敢想才能拥有。2014年刚大学毕业那会儿，我懵懵懂懂，什么也不知道，但在我对自己说出想要实现的目标后，时间会为我找到答案。我一路走一路探寻，并不想在年轻时过得过于安逸，所以在2021年大儿子出生4个月后，我们全家从广州搬迁至深圳，希望在既年轻又有活力的深圳扎根。我们在深圳拥有一个像图书馆的家，在客厅四周摆满书柜，在客厅中间放上一套蓝色的沙发，我们一家四口都在阅读，家人和朋友很喜欢这个读书空间。

如果你真的非常渴望进步，就妥善运用你的渴望，将它变成你的助力器，让你产生惊人的力量。让我们一起见证彼此的成长。

6.3.2 各项配比

通过上面几种方式制定完目标之后，可以按照短期、中期、长期进行排序，或者按照完成梦想所需的时间长短进行排序，选取两个短期目标、两个中期目标，以及一个长期目标。

之后，要考虑这些目标的各项配比如何。比如，买一辆好车，这样的目标过于笼统，可以在网上查找到底要买哪个品牌的车，它的颜色是什么，它有多少个座位，它的费用是多少，摸起来的感觉如何。你描述得越具体，实现目标的概率就越大。

6.3.3 行动

每个目标的完成都是由每一小步行动组成的。在出发前拥有坚定的决心，可以创造出惊喜和奇迹。在这个方面，可以观察孩子的做法。他们想要得到某样东西的决心是大人不能比的，他们遇到任何困难都不怕，这是他们可以收获结果的原因。小时候，如果我家大儿子不想吃饭，那你硬塞都没用，他会紧闭嘴巴，用各种各样的方式拒绝，让你产生挫败感，但这也体现了他的决心。他想要得到的东西，你不给，他也会用尽全力去争取。他会一次一次地请求你，直到你妥协。

在拥有了坚定的决心之后，可以盘点自己目前拥有的重要资源，以便清楚自己当下的状况。要想攻城，得先了解口袋里的子弹。列出一切有利于实现目标的因素，如时间、精力、人脉、经济资源等。

一切准备就绪后，从模仿入手，写下三个左右你想模仿的偶像，用几个词语描述其比较突出的品格。当遇到困难和问题时，想象着这些偶像会在你身边给出什么样的建议。不用和他们见面，只要想象，把答案写出来就可以了。

给自己制订一个7天行动计划，设定7天的阶段性目标，每天分配多长时间，在什么时候、在哪个地点做，一一写下来。如果不为自己主动设定目标，你的人生就会被别人安排。

6.4 培养自信心

6.4.1 孩子与自信

心理学家研究发现，语言是家长与孩子沟通的重要途径。家长对孩子所说的话及说话的方式，影响着孩子的行为和将来的心理状态。我很能感受到语言对人的影响之大，因为我的父母没有从他们的父母身上学到爱的语言支持，或者说是积极的语言鼓励，因此他们也会以反话的形式对我进行鼓励，觉得只有这样才更有效果。殊不知，孩子的自尊心和自信心就这样在一点点地被磨灭。

拿破仑·希尔认为：

> 信心是心灵的第一号化学家，当信心融合在思想里时，潜意识会立即拾起这种震撼，把它变成等量的精神力量，再转送到无限智慧的领域里，促成成功思想的物质化。

自信是信赖自己能够做到的能力，对自己有足够的信任。

之前，我还没怀孕时，由于怕疼所以不想顺产，后来通过上温柔分娩课，对生孩子的整个过程有了更多的认识，于是给自己加油，鼓励自己也能做到。在怀孕后，我选择顺产，现在回想起来整个分娩过程还是挺美好的。借由这个故事我想告诉大家，自信心是可以培养的，但自信的转变需要一定的过程。

孩子的自信心在娘胎里就开始建立。如果一开始妈妈对孩子的到来表示欢迎和期待，那这种感觉会传递给孩子，这是非常幸运的事。这也从侧面提醒计划怀孕的女性和已经怀孕的准妈妈，在怀孕之初，妈妈的心境及其和孩子建立的信任感，会影响孩子未来的生活，也奠定了一家人和谐生活的基础。

等到孩子出生之后，特别是在第一年的时间里，妈妈要相信孩子能够凭着自身的本能满足自己的需求。比如吃奶，这完完全全是孩子的本能。当我的第一个孩子出生时，有位护士把裸身的孩子放在我的腹部，让刚出生不到半小时的婴儿自寻乳头。看着小家伙的嘴巴像精准的导航仪一样，沿着乳头的方向不断寻找，最后达到目的，那股斗志昂扬的劲儿，给人带来很大的力量。

要想拥有良好的母子关系，妈妈需要付出时间和精力，多花些时间照料孩子。孩子与妈妈的互动越多，双方建立的信任感也会越强，孩子的自信心也会越强。父母也借由孩子的经历，与孩子共同成长，提升自信心。

孩子出生的第一年就为余生打下了重要的基础。孩子获取的对整个世界的最初印象，奠定了其对世界的初始态度。这个最初的印象就像种子，将陪伴孩子的一生，并且随着孩子的成长而开花结果。

6.4.2 自信与人生

一个自信心强的人，在大部分时候会向内看，凡事不指望他人，相信只要努力就能找到解决方案，对人生表现出积极的态度。

自信的基础是能力，但能力必须通过实践及不断地被肯定才能形成自信。一件件小事的做成对自信心的提升有较大作用，如对自己或他人说一句好话。很多人习惯用否定的方式与他人交流，其从小的家庭氛围就是否定的，对自身建立的认知也是否定的，所以对孩子的教导也是否定的，就这样一代代延续下去。

要想改变这种行为，必须用加倍肯定的方式来鼓励自己。以一个 30 岁的人为例，从他出生开始，假设他一个星期被否定 1 次，一年有 52 个星期，那他大概被否定了 1500 次（取整）。要想改变这种生活，使自己变得更加积极、更加自信，就要在日常生活中肯定自己 3000 次，而且之后要尽量减少对自身的否定，只有这样才能逐渐转变思维，不会因为否定的惯性而影响下一代。

6.4.3　自卑和恐惧是培养自信心的"拦路虎"

人们为什么会产生自卑感？奥地利著名心理分析学家阿德勒在《自卑与超越》一书中提出，人们所有的行为，都是出于"自卑感"，以及对于"自卑感"的克服和超越。每个人都有自卑感，只是程度不同而已。

自卑感的产生有两个来源：一是环境因素，即没有达到父母或周围人的期望，得到他人否定性的评价；二是个人因素，即做事非常谨小慎微，缺乏爱与温暖、兴趣等。随着年纪的增长，虽然从小受到的环境影响逐渐淡化，但这种影响依旧会潜藏在潜意识层，影响我们的性格、价值取向和思维方式等。

怎样才能消除自卑感？有以下几种方式：坚持做小事，通过做成一件又一件小事来培养自信心；形成对自我的暗示，给自己一些适当的夸奖和肯定；相信人无完人，接纳不完美的自己；把注意力放在感兴趣的事情上。

恐惧是自信的敌人。当今世界，每个人都诚惶诚恐，恐惧死亡，恐惧贫穷，恐惧失去自由，恐惧没有爱。如今，网上充斥着各种负面消息，使大环境被恐惧笼罩，稍不注意就会掉进坑里。

人的想象力极其伟大，你要什么它就会给你什么。你要恐惧，它就会不断给你布置恐惧的作业；你要成功，它也会给你搭上成功的阶梯。大部分人从小就接受否定式的教育和有条件的爱，害怕做错事，害怕被惩罚，害怕被拒绝，所以不敢主动尝试。

人生就是一场赌博，赌了不一定会赢，但不赌永远都没有赢的机会。虽然赌了有可能会输，但为了赢，一定得努力赌一把。

很多人也害怕成功。圣经中有这样一则故事：

> 一天，先知约拿奉上帝的命令去尼尼微城传话。这本来是一件至高荣尚的事，也是约拿非常向往的事。约拿历经千难万险，最后终于成功完成使命。可当人们想表扬他、仰慕他时，他却躲起来。因为约拿觉得自己配不上这个荣耀，感到非常恐惧。他觉得这件事是自己奉命做的，理所应当。

也许你看到这则故事会觉得约拿很傻，明明靠自己的努力完成使命，最后却不敢居功，甚至恐惧并逃避。其实，这是人类普遍存在的一种心理现象，既想取得成功，但在面对成功或将要成功时，又会产生恐惧并逃避的心理。

比如，有一个很好的表现机会，却因为害怕太突出，被太多人关注而不敢实践；在会议上有想法，却怕被领导发现，而选择沉默寡言；因为业绩优秀而升职加薪，却担心职位更高，压力更大。

美国著名心理学家马斯洛借用圣经中的故事，将这种普遍存在的心理现象称为"约拿情结"。

"约拿情结"就是对成功的恐惧。它来源于心理动力学理论上的一个假设：人不仅害怕失败，也害怕成功。它代表的是一种在机遇面前自我逃避、退后畏缩的心理，导致自己不敢去做自己能做得很好的事，甚至逃避发掘自己的潜力。

6.4.4　如何培养自信心

人在成长的过程中，不断接触新的人事物，做事不断被肯定和赞扬，自信心就会得到提升。自信心来自外部和内部。外部主要是他人的肯定，内部主要是自我的肯定。

做任何事都需要实践。如果实践成功，就会产出成果。如果实践不成功，就返回实践那一步并进行调整，直到产出成果。因实践产出成果而得到肯定，这三者构成了培养自信心的"铁三角"。所以，一定要创造行动的机会，多做事、多实践，只有这样才会有后面两个步骤。特别是培养孩子的自信心，多让他尝试做家务，做自己力所能及的事。

主动创造实践机会。比如练习当众演讲，召集两三个小伙伴，以组织者的身份讲述自己最近的收获，或者在公司会议上主动举手发表观点。不管说得对不对，先说了再说，给自己定下发言的次数。如果头脑中一直有"批评家"在线，"行动家"

就跟不上了。

正视他人的眼睛。以前我跟他人聊天，眼神会躲躲闪闪，生怕说错话，生怕他人对我所说的话产生什么不好的联想。后来，我给自己定下规则，无论与谁讲话，无论他的身份如何，都要与对方进行眼神交流，这是对对方的尊重，也是对自己的尊重。

俗话说，眼睛是心灵的窗户。带着善意与他人交流，他人能够感受到。让你的眼睛为你服务，为你增添光彩，为你赢得他人的信任。

主动寻找外部借力机制。多和积极、有建设性思想的人在一起，因为他们给出的建议更有针对性，更能增强自己的自信心。多给他人一些肯定和赞美，自己也能得到快乐。今天你肯定他人一点，明天他人肯定你一点，互相肯定，就能形成一个强大的肯定体系。

世界上没有两片完全相同的树叶，要相信自己是独一无二的。同时，也要认识到人的发展是一个动态的过程。接受当下的状态，是培养自信心的关键。接受之后不断地进行改造，直至变成自己想要的样子。

6.5 你想成为什么样的人

刚开始在写这个主题时，头脑中一下蹦出来一个答案：我想成为一个健康、快乐、幸福的人。但健康、快乐、幸福是一个大的主题，该从哪儿入手，我无从得知。每个人都希望自己的生活过得健康、快乐、幸福，但为什么还有这么多人非常痛苦、无奈和挣扎呢？我不知道怎么回答这个问题。于是，我尝试把主题拆小，结合自身一路的收获，得出一些小体会。有三类人值得我们学习并追求，分别是了解自己的人，热爱变化、拥抱变化的人，活出本我的人。

6.5.1 了解自己的人

1. 内向和外向

知道自己是内向的人还是外向的人，会更容易和世界打交道，做起事来更得心应手，不会过于别扭。20 世纪 20 年代，心理学家荣格提出"内向"和"外向"的概念。他提出，内向者把心理能量深藏于内心深处，而外向者寻求与外界的密切接触。荣格认为，没有人是完全内向或外向的，大部分人是两者兼具，只是某一方面更加突出，表现明显。

20世纪60年代，心理学家汉斯·艾森克对荣格的观点进行了补充。他提出，内向者和外向者的主要区别是，他们获取心理能量的方式不一样。从本质上讲，内向者的大脑活动水平较高，他们需要保护自己，通过退缩的方式获取心理能量；外向者的大脑活动水平较低，需要通过外界的刺激来弥补这种缺失，从而使他们的内心感到充实。

如果你平常需要跟更多的人打交道，来刺激你的大脑，或者需要用社交来满足欲望，或者需要用新鲜的事物来保持做事的激情，那你就更倾向于是外向者。

判断一个人是内向者还是外向者，并非看他表达得流不流利，因为有的内向者善于表达，有的外向者不善于表达。表达是一项技能，练习得多了自然就熟练了。内向者希望不被打扰，希望有自己的时间和空间，哪怕在家里待上十天半个月也不会觉得无聊和苦闷。内向者的头脑会高速运转，他们自有安排，会把心理能量用在自认为对的事情上。外向者的心理能量来自和他人的相处。他们性格开朗、乐观，喜欢与他人互动，享受新奇和刺激的体验，尤其是在充满生命力的环境中。对外向者来说，外界的刺激可以提高他们的兴奋感和创造力，让他们充满活力和动力，因此他们往往喜欢"有事做"的状态。

2. 优势和劣势

可以通过分析自身优势和劣势来认识自己，了解自己。平常，当你在做某件事时，觉得很有成就感，非常开心，哪怕别人觉得非常无聊，你仍然做得津津有味，这件事就是你的优势。可以拿出一张纸，通过画时间轴来列出自己做了哪些成功的事情，只要是你认为成功的事情，就可以写下来，这些事情就是你的优势。再通过罗列法，把自己过去做失败的事情写下来，或者是坚持一段时间后持续不下去的事情，这些事情就是你的劣势。

列出自己的优势和劣势之后，做事就不会再碰壁，尽量不要做自己不擅长的事，把它交给在这个方面有优势的人来做，把自己的长板打造得更长。

3. 从一件事入手

找到一件自己喜欢做的事、自己擅长做的事。这件事做起来能让自己感觉轻松自在、快乐无比，让自己感觉时间过得飞快，一旦开始就会废寝忘食，并且不会因此感到疲倦，让自己专注于此，把事做精、做细、做到极致。

想要了解这个世界，有一种最简单的办法，就是找到一件事，像剥洋葱一样，一层一层把它研究透彻，挖出这件事的底层逻辑。只要你做到这一步，就会一通百通。所有领域的核心本质和底层逻辑都是相通的。事物越到底层、越接近核心，就越简单，这就是所谓的"大道至简"。很多事情其实没那么复杂，只是我们想复杂了而已，简单才是本质。

所以，一个人最牛的能力，不是掌握和精通多少知识，也不是能看透多少人的想法，而是能由繁入简，再由简入繁。看透他人的前提，是能看透自己。

6.5.2 热爱变化、拥抱变化的人

世界无时无刻不在变化，体内的细胞每时每刻都在发生变化，头脑中的思绪也变化莫测。既然这个世界一直在玩变化的游戏，就让自己好好地融入其中，让变化带来礼物。

人们常说一句话：计划赶不上变化。如果你现在执着于这

个想法，那你的内心可能会非常痛苦。你要做的是跟上变化，甚至是走在变化的前面，未雨绸缪。特别是在婚姻关系中，如果你一直执着于对方之前是那样的，现在怎么变成这样，那无疑是拿起石头砸自己的脚。每个人都在成长、变化，每天碰到不同的人，遇见不同的事，人的思想也跟着变化。要打破固有思维，与时俱进。

放下你认为对的事情，或者你所知道的一切，有时候新事物会打破你原来所认为的一切。如果你认为自己不会发现新事物，那么你的世界也许真的不会出现任何转机；如果你告诉自己，新事物会来到自己身边，那么新的机遇也会随之而来。一切的根源在于你，一切事物的发生皆因你而起。

之前看到过一位设计师设计的动态画面，有一只小白兔在追赶钟摆，小白兔非常忙碌，可不管它怎么努力都赶不上钟摆的摆动。后来，小白兔学乖了，它把自己放置在钟摆里面，让自己跟随钟摆一起摆动。这只小白兔处在变化中，能够顺势而为，这是值得我们学习的。变化不可怕，热爱变化、拥抱变化，会看见不一样的自己。

在面对变化时，要破除自我限制。很多人都画地为牢，把自己困住了。很长一段时间，我也被自己困住，哪怕外界证明我是错的，我也并不这么认为，还是以自我为中心，生活得有滋有味。其实，这也是一种逃避方式，对自己的错误视而不见，把它当成理所当然。等生活痛苦到一定程度，无法再逃避时，才会忍不住出手，寻找方案。事后才会发现，这种痛苦其实是自己造成的。放手去生活，会发现生活并非自己想象中那么苦恼。

一圈一圈地破除自我限制，看到更大的世界，到了某个临界点，再回望过去，发现一切都是自己画的圈。你应该庆幸，有这样一个圈能让你感受到不画圈的幸福。正是因为体验过贫穷，才对富裕有了不一样的感受。如果一直生活在富裕的环境中，那你是不容易体验到富裕带给自己的意义的。

有了对比之后，才会有更多的感受。人就是这样，在不断成长的环境中，只有一关一关地克服了困难，才会感受到成长带来的快乐。你会发现人生真的非常奇妙，需要不断地闯关，在做事中悟道、证道、得道。

6.5.3　活出本我的人

罗曼·罗兰说过一句话："每个人都有他隐藏的精华，和任何别的人的精华都不同，它使人具有自己的气味。"是的，每个人的确都有自己的气味，就像世界上没有两片完全相同的树叶，世界上也不可能有两个完全相同的人。我们都是活在当下的人，把握着自己的人生。可是，有时候我们会迷失自我，迷失在人生的十字路口。

你是否经常被问到"你是谁"，也许你会脱口而出：我叫某某，今年多少岁，做什么工作，喜欢做什么事情，等等。但这真的是你吗？不是，这些只是你的"外衣"。这些"外衣"都是有时间限制的，并不是与生俱来的，就连名字都能更改。真正的你，是不会变的。并不是说这些"外衣"对你来说没有用，正是借助这些"外衣"，你才能更清晰地定位自己。但哪怕不穿这些"外衣"，你也能活出真实的本我。

如何才能活出真实的本我？每个人的内心都拥有爱，拥有喜乐，拥有笃定的信心，拥有一切美好的品质。有一个词：本自具足。意思是自己的内在什么都不缺，所以不必过多计较外在世界的得失。只要你相信，就可以源源不断地挖掘自己的内在。开心一点儿，你会发现人生有不一样的风景。如果把任何事都看得过重，那不仅对别人严厉，也对自己严厉。当你打从心底喜悦时，你看待周围的眼光也会变得不一样，开心的事情也会围绕着你，让你的人生幸福满满。

遵从自己的内心。人来世间走一遭，并不是为了取悦他人、束缚自己。很多时候，我们会看到一些人，为了取悦他人，把自己变成一个连自己都讨厌的人，生活得小心翼翼，不敢说出自己的真实想法，为了博取他人的认可和关注，不惜牺牲自己的真实感受。哪怕赚了很多钱，最后却没有遵从自己的内心，过得一点儿都不开心，这样的人生有什么意义呢？赚到了钱，但失去了自我，那又怎样呢？有时候，鱼和熊掌是可以兼得的，只是看你愿不愿意做。怀着利他的心，遵从自己的内心去生活，你会发现一切自然而然就发生了。

遵从自己的内心，就好像鱼儿进了大海，欢快、自由地畅游，那种久违的快乐，只有亲身经历过才拥有得到，所有的经历都是礼物。曾任新东方英语老师的董宇辉说过一句话，大概意思就是，河流为什么要那么蜿蜒曲折，因为它要去滋养更多的生命和土地。人要经历很多的人事物，是为了让你拥有更丰富的经历，遇到更有趣的灵魂。你的生命你做主，要为自己而活。

忠于别人并不难，难的是忠于自己；戴上面具并不难，难的是脱下面具后，如何面对那个真实的自我。这是一条实修的道路，唯有不断修炼，才能到达目的地。愿大家此生都能到达山顶，看一看美丽的风景。

6.6 你的梦想是什么

有一段时间，我总感觉自己不够好，但当我走出去跟他人交流时，大家都认为我特别好，既优秀又可爱，不仅自身出色，还有一个和谐的家庭，婆婆支持，老公优秀，孩子也挺好。

但为什么我一直觉得自己不够好呢？我想找到答案。经过探索和学习，我发现我的问题出现在源头上，也就是"我感觉"不认可自己，总以"感觉"论天下。

感觉自己无用，就想赶紧学一项技能来彰显自己有用，但在学了之后又不知道怎么去运用，导致感觉自己更加无用，就是这样一个恶性循环。

怎么办？

首先，要改变"自己不够好"的想法。如果不能改变这个想法，那无论做任何事都会觉得自己无用。哪怕你做了一件特别厉害的事，如考取了博士学位，你也只是一个不自信、自认为不够好的博士。

哪怕当了别人的老师，在夜深人静时，你也会觉得自己是一个不够好的老师。在别人眼里光鲜亮丽的你，在独处时却有些孤单和落寞。归根结底，是自我感觉会影响到自我评价。所以，要打从心底认同自己，把"自己不够好"变成"我很棒""我能行""我很好"。

其次，从生活和工作中的每一件小事做起，从内而外一点点积攒能量。比如，给自己和他人一个真诚的微笑，好好喝每一口水，好好走每一步路，好好写每一篇日记，好好对待每一个与自己说话的人，好好做手头上的每一件事。

只有从内而外生发的力量才是真实的。成功路上并不拥挤，在自己的车道上按照节奏行驶，就不会出现拥挤和撞车的情况。

在寻找答案的过程中，我一直接触"梦想""天命"这些词。如果是以前，我会觉得梦想好遥远，自己也没有什么梦想可言。但自己是真的没有梦想，还是不敢说出来？

一位老师曾和我说："如果你不敢有梦想，就会被梦想淘汰。"而此时我想大声说："是的，我有梦想。"

我梦想着一家四口在海边牵手踏浪；

我梦想着在演讲台上尽情分享故事；

我梦想着在舞台上舞出生命之歌；

我梦想着可以支持他人实现梦想。

刚才说到"天命"，那什么是天命？中国台湾知名作家李欣频老师说，天命是一种频率。天命是一种同时兼具自信、有勇气、有创造力、有大爱的频率，而不是特意寻找的工作。

如果现在的你知道自己所热爱的是什么，那恭喜你，你找到了属于自己的天命。但如果还没有找到属于自己的天命，那可以以一种自信、有勇气、有创造力、有大爱的频率去做事。等到了一定阶段之后，就会找到属于你的天命。

我坚信，我一定会找到属于我的天命。只管去做就好了，我们一起行动，因为只有行动，才能拿到礼物。

6.7 三"时"而立——我的时间记录旅程

2022 年,我 30 岁,我将这章取名为"三'时'而立",刚好和"三十而立"谐音。三十而立,是孔子拿来讲述自己心路历程的话,在孔子的年代能活到 40 岁已经超过平均寿命。

如今时代不一样,30 岁时人生才正式拉开序幕。30 岁是一个人的生理与心理成熟的关键节点,年龄的背后更是各种暗含的社会期待。特别是女性,30 岁之后就会面临很多议论,如有没有另一半,有没有经济来源……使很多女性产生危机感。

我在大学就给自己设定了目标:26 岁结婚,28 岁生孩子,30 岁之前生完两个孩子。虽然现实和设想有些出入,但大方向不变,也就推迟一年,还是走在目标的轨道上的,所以人生一定要有目标。人生有了目标,就不会因为迷茫而错失机遇,也不会因为没有目标而虚度光阴。

俞敏洪曾说：

> 日子如果没有目标地过下去，只不过是几段散乱的岁月。但如果把努力凝聚到每一日，去实现自己的某一个梦想，散乱的日子就积成了生命的永恒。

无论当下你处于什么年龄，只要做好以下三个"时"，就可以让你的人生更加顺畅。

6.7.1 第一个"时"是时间

时间是公平的，每个人每天都是 24 小时，但是不同的人对这 24 小时的安排不同，其人生自然不同。你了解自己的 24 小时是怎么过的吗？如果你回答"是"，那意味着你对自身有一定程度的了解。记录自己在哪个时间段做了什么事，目的并不是剖析自己的生活过得多么无聊或多么有趣，而是借助视觉化的数据，让自己可以更好地锚定目标，以终为始地去生活。

就拿我写书这件事来说，一本书大概 10 万字，每天写 1000 字，只需 100 天就能完成。在我的时间记录里，前 30 天保持得挺好，每天都会花费大概两小时的时间写书，但后面就有点气馁，甚至再也没有出现过"写书"这个关键词。等回顾时间记录的条目时，我才发现："不对呀，我的目标到底还是不是写书？"内心回应道："哪怕没有真正出版，也要把初稿先写出来，这是对自己的承诺。"于是，在我的时间记录里，后面的每天又出现"写书"这个关键词。

这件事说明，大脑不可靠，记录才可靠。

6.7.2　第二个"时"是时区

做生活的创新者、意识空间的创造者。现在的生活节奏都比较快，特别是在一线城市，有时候看到周围的人都变得非常优秀，反观自己觉得好像没有取得多大的成绩，就会非常焦虑。但你要坚信，世界上没有白走的路，每个人取得成绩的背后都付出了努力，经历了艰辛的过程，你没有看到过程，只看到结果，就把自己与他人对比，匆忙下结论。看到别人的优秀并不是为了打击自己，而是为了学习，看到别人通过一步步努力取得现在的成绩，自己可以借鉴这条路径。

每个人都有属于自己的生活时区。有的人早上六点爬到了山顶，而有的人一路欣赏风景，可能要到八点才能爬到山顶。

还有一拨人，他们只想在中午十一二点爬到山顶，在山顶美美地饱餐一顿，再慢慢地下山。甚至有一拨人，他们要到晚上才登顶，只是为了更好地看星星和寂静的天空。每个人的选择不一样，无论走得快与慢，心稳才是根。

有一段时间，因为想要打造个人品牌，所以我购买了一些课程，花费了一些时间和金钱学习，但后来放弃了，弄得有些焦虑。虽然也有一些成果，但内心总感觉别扭。

因为周围的人都在这样做，所以我觉得自己也要打造个人品牌。但打造个人品牌是一个过程，也许要花一辈子的时间，也许只需要花一年半载的时间。我非常感谢有这样一段经历，让我更笃定地选择自己喜欢的活法。有些事一定要亲自经历才有体会。你是你生活的导演，如果不喜欢现在的活法，那可以重新编排，只要在正确的方向上行动，你就是成功的。

6.7.3 第三个"时"是时光

2022年，我做时间记录快满8年，语写断断续续超过8年，写了1000多万字。因为阅读，我认识了我家先生，受他影响现在也很享受阅读的时光。我在2020年就定下了一辈子要做的五件事：阅读、写作、运动、陪伴家人、帮朋友。只要围绕着这五件事生活，我就会心满意足，不需要追求太多的刺激。平淡是常态，刺激是偶尔。

"多巴胺"转瞬即逝，"内啡肽"才是高级的快乐。找到能让你产生"内啡肽"的事，用短暂的"多巴胺"调节生活，用持续的"内啡肽"改变生活！这几年，我更加珍惜属于自己的时光，我觉得语写有重大功劳。我每天都需要语写，无论写得多或少，至少需要张开嘴巴讲话。讲得多了，对自我的觉察力就会越来越强。

很多人喜欢说"我应该怎么样"，但是"我应该"这三个字，一说出来其实会有一些压迫感，就好像一定要往这个方向发展，如果没有取得成绩，就会诚惶诚恐。如果把"我应该"换成"我配得上""我值得"，内心顿时没有了那种压迫感，反而会坚定信念。

你来听听这三句话的差别："我应该过充实的生活""我配得上过充实的生活""我值得过充实的生活"。是不是感觉不一样？所以，以后在与自己讲话，或者与他人交流时，应该少说"我应该""你应该"，多说"我配得上""你配得上""我值得""你值得"。不用太在意别人的眼光，当你把自己看小了时，世界就变大了。

最后总结一下这三个"时"，首先记录好自己的时间，让自己更清楚自己是什么样的人，然后坚定不移地踏在自己的时区上，不要因为外界的过多干扰而乱了阵脚，最后找到属于自己的时光，坚持不懈地深耕下去。记好时间，对准时区，走好时光。

6.8 时间就是钱,时间就是命

6.8.1 如何感受时间

时间这个东西,真的很有趣。在时间轴上,我们拥有脆弱的身体、有限的生命,在四季变化中体验世间的酸甜苦辣和悲欢离合。时间一边一丝不苟地为每个人倒数着,一边记录着每个人的成长。

小花小草从土壤里钻出来,这既是对生命的渴望,也是自然的安排,还是时间的力量。小花小草的根部深深扎在土壤里,而现在有些建筑商为了追求速度,不顾质量,建造出来的房子虽然很漂亮,但浮于表面,这样的精神没有根基。

有些小区移植过来的树木,虽然看起来郁郁葱葱,但树根相当不稳,松松垮垮地立在土壤中。如果碰到暴雨天气,就会让人感觉紧张,担心它们会不会一下子被吹倒。

此刻,我想到了语写和时间记录,它们就是我人生的根部。

我们可以从自然现象中感受时间,明白时间的意义。时间没有形状，但塑造着一切，它就像一只无形的手，在雕刻着人事物。

6.8.2　关于时间记录

时间记录是记录自己每个任务的开始和结束时间，客观地把自己的时间"开销"全部记录下来。现在，市面上有很多可以记录时间的方式，找到你觉得顺手的方式，找到一群愿意陪你一起做的伙伴，可以助你一臂之力，把这个习惯坚持下去。

从开始到现在，我已经持续记录超过 7 万小时，但我并没有很好地进行分析和规划，我的时间记录还有很大的优化空间。但正是由于前面的记录，我对时间的敏感度越来越强。这个习惯已经伴随我人生的几个阶段，从找到伴侣到步入婚姻，再到结婚生子。一年的时间可能看不出什么，但如果从几个大的人生阶段来剖析，时间记录的意义非同凡响。

过去做了哪些关键事情，做出哪些关键决策，对现在的影响如何，都可以从时间记录里一一摘录出来。现在的生活是由过去决定的，未来的生活是由现在决定的。现在如何安排你的时间，你的未来就是什么样的。

前面提到时间统计 App，它增加了"时间价值"属性，能让你自己督促自己，真正印证"时间就是钱，时间就是命"。

6.8.3　时间记录对我的意义

时间是奋斗的尺度，是筑梦的空间。做任何事情都会在时间轴上留下痕迹。当你把每段时间对应的事件一一记录下来时，你对自己的认知就会更清晰。

时间记录对我的意义，就像一面镜子。客观地记录当下做了哪些事情，自己所做的事情都是自我选择的结果，可以从日常所做的事情中看出自己是怎样对待时间的，看出自己是一个怎样的人。数据反映一切。

在你有了一个大目标之后，可以将它反映在时间记录里，并记录下你为之奋斗的过程。时间记录不会说谎，会真真切切地还原一切。当你奋斗时，时间记录就是奋斗的基调；当你"躺平"时，时间记录就是"躺平"的状态。

有记录才会有发生。我们很难回忆起一个星期前，钱具体花在什么地方，一个星期前，时间到底花在哪里。俗话说，好记性不如烂笔头。只有如实地记录下自己所做的事情，才会有更深刻的认知。只有足够痛才会改变。时间记录对我的意义，主要包括下面几项，但远远不止下面几项。

1. 主动创造"第一次"

因为太久没有好好地了解和享受生活，过了太久像机器人一样的生活，所以在偶然的一刻，我决心改变。

我的改变从一次小小的以前没有过的体验开始。我还记得当我主动在时间记录里写上"第一次"时的欣喜，这意味着我可以掌控自己的生活，对生活有更多的觉察。

我翻开自己的时间记录数据，发现其中出现很多"第一次"，如：

小宝贝第一次穿大人的鞋；

小宝贝第一次叫"妈妈"；

第一次迈着舞步进入厨房；

第一次好好地呼吸新鲜空气；

生娃后两人第一次约会；

第一次进行视频号直播；

第一次见到老板们；

…………

在我的时间记录里，截至 2022 年 12 月，总计 222 条关于第一次发生的事件。

2. 和感受绑定，有感觉地生活

一件事情有正向反馈，才会持续做下去，有好的感受，持续时间会更久。每次做时间记录，我都会先在描述里写上感受，特别是一些重要的感受。这样做的目的是将行为和感受绑定，并反馈给大脑，以加深印象。大脑开心，动力更足。

通过记录当下，也能把自己的注意力拉回来，以便有感觉地生活，而不是活在过去和未来。

3. 更大范围地回看生活状态

从我的超过 2500 天的时间记录数据来看，我发现两个人的情侣生活和有娃的生活，时间结构并不一样。以此，我预测等孩子读书后，甚至到我年老时，时间结构又会改变。那时间结构具体是什么样子的呢？可以从每天、每月、每年的数据里去回顾。

多看看人物传记，看那些名人或专业的人是如何生活的，是不是自己想要的状态，了解他们每日的时间分配是怎样的。当你了解得越多时，你对自身的生活方式就会越有规划。

通过时间记录，我统计了从 2017 年到 2022 年自己和伴侣吵架的数据，明显地感觉到后两年整体的幸福感会提升很多，也有一些低谷期，但只关乎个人。

2017 年，吵架 1 次。

2018 年，吵架 5 次。

2019 年，吵架 4 次。

2020 年，吵架 3 次。

2021 年，吵架 0 次。

2022 年，吵架 0 次。

数据真的很有意思，它是有温度的，它的背后是一个个真实的人。

4. 看到自己是否专注

坦白来讲，通过时间记录，我发现自己对很多事情都是"三分钟热度"，包括语写。但好在后来我并没有放弃语写，反而对它燃起更多的热情。

数据反映行为，行为改进数据。当数据呈现在我们面前时，哪怕做得不太好，也无须批评，只要改进就好。把自己当成试验品，做好规划，积极执行，分析反馈。随着行为不断改进，数据也将变得越来越好。

做时间记录并非刚开始就可以看到成效，只有经过几轮练习才能正向跑起来。至于具体的时间，因人而异，可能是两三个月，可能是一年，甚至是三年。但只要在对的方向上持续发力，就会有水滴石穿的那一天。

现在的信息实在是太多，快把我们淹没了。我们要如老僧入定般专注当下，将注意力放在重要的事情上。不急不躁，在属于自己的花期里绽放。

5. 让陌生人拿到数据并还原

如果将一份时间记录数据放在陌生人面前，他可以还原当时的场景和当事人的做法，那意味着这是一份非常赞的数据。

我时刻谨记这个原则，督促自己把时间记录的数据写得更好看。这就好像我们化淡妆，只是为了让自己看起来更大气、更有魅力。

在成为更好的自己的路上，多多少少都会碰到一些困难和挫折，所以需要有引领者，需要有更好的圈子，与自己共同进步、互相监督。

我坚信，我的时间很值钱，需要花在更有价值、更有意义的人事物上。做时间记录的目的就是监督自己如实地做事。让我们一起做自己的时间规划师！

6.8.4　与时间做朋友

不负光阴不负卿，这是与时间做朋友的完美写照。你只有不辜负时间，付出足够的努力，时间才会不辜负你，给予你应有的回应。

做好自己最重要，人的一生都是认识自己的过程，所有外在的因素只不过是一种干扰。只有重视自己的内心世界，忠于自己的想法，才能做更好的自己，从而与时间做朋友。

6.9 低价值感的人如何翻盘

什么是价值感？人在一生中一直在寻找两样东西：一个叫归属感，另一个叫价值感。归属感是指一个人知道自己属于哪个家，属于哪个团体，感受到自己被无条件地包容和接纳的一种感觉。

一个人有动力做事，愿意成为一个厉害的人，变成一个有理想、有追求、有抱负的人，这是他的价值感。价值感跟金钱没有关系。一个低价值感的人不敢做领导，不敢承担责任，不敢努力学习并改变自己。

如何才能拥有较高的价值感呢？重点是不断地做事，并在做事中不断地调整自己，从而提升自己的自信心和承担责任的能力。这个"做事"并不是说做什么大事，而是从生活中的小事做起。

比如，你今天把家里打扫得非常干净，这是有价值的，干净的环境让你的心情变得更加愉悦。再如，你今天看了一本书，感觉非常快乐，这也是有价值的，你可以在书里汲取知识，并转化成行动。

要意识到，做事能够带来真正的价值，通过自身的努力和学习可以改变生活状况，提升对自我的评价，从而提高对生活的满意度。

低价值感的人是由什么造成的呢？每个人所处的环境，特别是父母的语言，对个人价值感的塑造有极大的影响。

我记得，哪怕是长大之后，我的父母有时候看到别人的一些成绩，仍会拿来和我比较，并且贬低我。虽然我表面没做太多的反抗，但这种比较悄悄地进入了我的思维模式里，导致我的价值感一点点降低。

语言是一把双刃剑。有时候，父母的一些语言确实会对孩子产生很大的杀伤力。因此，作为父母，要肯定孩子的努力，看到孩子更多的闪光点。

表达期待，也能提升价值感。无论是对自己的期待还是对他人的期待，都要如实地表达出来。敞开心扉和自己聊天，在这个过程中会觉得非常治愈，而且心情会变得更加开朗。这时，也可以感受到自己的内心正在悄然发生变化。

总之，要想提升价值感，拥有轻松愉快的人生，就要鼓励自己多做事，同时要适时地赞美自己和他人，并且表达真正的期待。

6.10　如何撰写自己的人生剧本

以终为始地生活，活出内在的力量。

以终为始，就是以自己的人生目标为衡量一切的标准。你的一言一行、一举一动，都必须遵循这一准则，即个人最重视的期许或价值观决定一切。

"以终为始"有两个原则。

第一个原则：任何事都是经由两次创造而成的。

在做任何事时，都要先在头脑中构思一番，这是智力上的创造，又称第一次创造；再付诸实践，这是体力上的创造，又称第二次创造。比如练习打字，要先在头脑中对字母进行一番回忆，再用手敲击键盘。只有牢牢记住每个按键对应的字母，才可以正确地打出文字。

第二个原则：自我领导。

领导不同于管理，领导是第一次创造，必须先于管理，管理是第二次创造。领导是大方向，管理是具体执行。如果一个人的大方向错了，那越努力，错得越离谱。所以，要先谨慎地找对大方向，再付出努力。

如何实施"以终为始"这个工具，撰写自己的人生剧本呢？

第一，以目标为导向。

在做任何事之前，要先认清方向。对目前的处境进行多方位的了解，避免在追求目标的过程中误入歧途，白费工夫。

再进行阶段性量化。清楚在某一阶段应该完成什么任务，取得哪些成绩，并坚定落实，以此推进进程。

第二，主动设计自己的生活。

不愿主动设计自己的生活，你的生活就会被别人设计。

比如，你原本想在某段时间完成某项任务，但没做具体规划，一旦有人找你出去玩，你就一甩手，什么也不想，非常开心地飞奔过去，等玩完回家后就开始懊恼，今天又没完成任务。所以，不要让圈外的人或事控制住自己，要有意识地设计自己的生活，只有这样才会活得越来越轻松自在。

第三，撰写个人使命宣言。

撰写一份个人使命宣言，即自己的人生哲学或基本信念。主要说明自己想成为什么样的人（品德），成就什么样的事业（贡献和成就），以及为此奠定的价值观和原则。

我的个人使命宣言：

> 努力兼顾工作和家庭，这两者对我来说都很重要。
> 家是有爱的地方，营造和谐、平静的家庭环境，大家自由成长。
> 最大善意地激发他人的潜能，诚信对人。
> 自尊、自爱、自立、自强，不断完善自我，提升能力。
> 积累财富，财富包含金钱、健康、人际关系等。
> 愿意参与志愿活动，帮助他人，奉献金钱和才智，改善他人的生活。

6.11 写作这件事,你为谁而做

我认为,写作的目的并不是写出文章或作品,而是享受这个过程,这听起来有点不合常理。写出的文字本身只是写作的副产品,只是对过去灵感的捕捉和记录。当一个人通过语写训练变得侃侃而谈时,其背后获得的是一种存在的状态,一种激昂的状态,一种对长期努力的认可。

我之前就非常好奇,也想去找到答案,为什么孩子的表达欲望非常强烈?大家可以观察 6 岁之前的孩子,他们会有很大的好奇心和探索性,不断在问"为什么",对世界充满好奇。随着生活的"蹂躏",变成大人的我们话越来越少,甚至把话憋在心里。到底是哪个环节变了,或者说因为什么,使我们从"话唠"变成"话牢"?在写这本书的过程中,我也在寻找答案,发现更多的内在动机。

6.11.1 内在动机"灵魂三问"

美国画家罗伯特·亨利认为,画一幅画的目的不是画画,画作本身只是一种副产品,真正的艺术作品背后的创作目的是获得一种存在的状态。这就是内在动机驱动的状态，即做一件事情是被事情本身所吸引，完全参与其中，而不是为了达到某个目的。所以，在做任何事时，只要你享受这个过程，你的内在动机就会被启动，给你带来振奋人心的体验，让你拥有多层次的生活感受。

如何才能知道一个人做事是否具备内在动机，是否出于自愿？美国心理学家爱德华·德西经过研究得出结论，只要问三个"灵魂问题"就可以了。

"灵魂一问"：（自主感）是否发自内心？是不是自己的决定？是否受外部影响？

比如爬山，这是自己发自内心的决定，想要和好朋友一起去散散心，还是因为公司团建，抑或是因为应酬不得不去爬山？

再如，写作这件事，如果别人硬要求你写，而且要根据规则来写，那你写一阵子可以，但写一辈子可能有点困难，因为这并非发自你的内心。假如是因为公司付你工资，而你需要按照要求写作，那你做着做着就会感觉索然无味。一个真正喜欢写作的人，会想写出更多有创造性的文字。

"灵魂二问"：（胜任感）现在的能力如何？是否能完成要做的事情？

比如，虽然爬山很累，但身体还支撑得了，可以爬到山顶，同时内心也相信自己能够完成这项运动。一旦觉得身体不适，无法支撑自己爬到山顶，也就失去了勇气，之后哪怕有心也无力了。

再如，关于写作的胜任感，如果你的头脑反问你：我真的能写书吗？大胆回答"是的"，既然会问出这个问题，证明你在头脑中是想过写书的，只是需要付出更多的努力，才能完成一部完整的作品。关于写书，如果把目标定为写一整本书，就会遇到很多困难，很有可能被眼前的困难打倒；但如果把目标定为写一小段文字，一段接着一段写下去，那好像也并没有那么困难。

"灵魂三问"：（联结感）与其他人的关系如何？是否能在其中感受到情感与归属？

比如爬山，可以选择不顾沿途的风景，一心只想到达山顶，然后就结束旅程，使爬山变得索然无味。既花费了时间，又浪费了精力甚至是金钱，没有得到一个好的体验，只是走个过场，不具有任何意义。

还可以选择享受整个爬山的过程，关注沿途的风景，看看周围人的状态，倾听内心的声音，全程少看手机，专注爬山，同时偶尔和同行的小伙伴聊聊天，和对方走得更近，加深彼此间的友谊，让自己感受到团体的温馨。

再如写作，写作的好处实在是太多了，既能收获与自身内心的联结，又能收获与外界人事物的联结。写着写着，就把自己写清楚了。以前，我总想着怎样建立自己的知识体系，但只是不断地收集信息，却没有进行系统化的整理。因为要写书，我不得不梳理框架、整理信息，反而比较轻松地建立了自己的知识体系。

同时，写作可以让你更了解自己。写自己的感想，写自己的感悟，写自己的经历，因为看见，所以顺畅。因为写作，我认识了更多作者，和更多有趣的灵魂碰撞，见识到不同女性在生活中的视角及做事的方法。所以，我觉得写作让我变成了一个更完整的人，通过写作更了解自己。我可以大声地向全世界宣布：我为自己而写，我为自己代言。

6.11.2　觉察是改变的开始

做有价值的事，不是为了变现，也不是为了扩大个人品牌的影响力，而是为了改变心境，拓宽看问题的角度，扩展人际关系，使好的机会变多，从而看见更真实的自己。我现在做事还会以"我"为主，希望通过未来 10 年的磨炼，能够改变自己做事的方式，变成以"我们"为主。不断加强对自己的觉察，这是改变的开始。

我现在阅读和写作时间每天保持 1∶1 的比例。对普通人来说，写作比阅读困难很多，因为写作需要更多的思考。但有了语写这个工具和媒介，我相信未来写作一定会变得更加简单和自由。

6.12 对自己狠一点儿

必定有人喜欢你，也必定有人不喜欢你，你不可能让每个人都喜欢你。在你功成名就时，难免有一些人会来诽谤或诋毁你，但也有一些人会为你欢呼，并且鼓舞你、敬佩你，只要靠近那些欣赏你的人就行了。世界上有乐于建设的人，也有乐于破坏的人，就看你选择和什么样的人在一起。你能做的是对自己真实一点儿，狠一点儿。

在现实生活中，如果没有自己的思考，就会被人操控，从而陷入一种困境，觉得自己活得不真实。要想活得真实，就要勤加思考，每天完成既定的目标，脚踏实地，对自己狠一点儿。

在生与死之间，是孤独的人生旅程，而真爱是照亮人生旅程的温暖的灯。我一直向往温暖的一切，说温暖的话，伴温暖的人，做温暖的事。

每个人都需要得到关注，以温暖自己的内心。自己的行为反映了内心真实的想法，不需要掩盖什么东西，只要去做就好了。如果总是奉承人，那太累了。如果为了生存一定要去奉承，那种不平等的关系是不会长久的,也不值得长久。

我要一个人去东京铁塔看夜景
我要一个人去威尼斯看电影
我要一个人去阳明山上看海芋
拍偶像剧
我要一个人去纽约纯粹看雪景
我要一个人去巴黎喝咖啡写信
我要一个人的旅行

上面是戴佩妮《一个人的行李》的歌词。现在,随着女性的独立意识越来越强,很多女性选择一个人做任何事。我当时听这首歌也是一个人,习惯做什么事都埋藏在心里。无论你以后的选择是什么,你都要对家人负责,不能过于任性,既然选择了家庭联盟,就要负起责任,求同存异。

6.13 女性为什么要语写

语写是剑飞老师创建的体系，用语音转文字的方式，记录思绪流转的痕迹。在快节奏时代，我们需要有静下心来的能力，语写就能让人静下心来。打开语写软件，思绪就会源源不断地通过声音转化成文字，再通过文字反馈给大脑。

6.13.1 女性有更强的表达欲

2016 年，我想探索自己的发展路径，于是用了 3 个月左右的时间完成了第一次 100 万字的语写。因为对新事物比较新鲜，所以刚开始做得还不错，能够靠好奇心坚持下来。后来，随着生活越来越平淡，靠意志力持续下去有些难，断断续续地语写着，没有刚开始那样激情四射。

等到怀孕生子，有了很多体验，觉得不写下来可惜，于是用语写的方式不断地进行探索，重新找回刚开始那种拼搏的劲头。我告诉自己，既然重捡语写，就要好好珍惜，于是用大目标驱动着自己向前走。以前是随性，现在要以终为始。

我是用语写进行胎教的。怀孕时,我每天会在固定一段时间拿起手机进行语写,尽情地释放内心的能量和情绪,也会对未来做一些畅想。孩子出生后,对于每个阶段遇到的事情,以及发生的一些趣事,我都会一一记录下来。女性有更强的表达欲,特别是妈妈们。我们既要当好妻子,又要当好母亲,在职场上还要当一个好员工、好上司。

随着身份的转变,思想也要转变,否则就会形成一种抗力。妈妈们可以通过快速语写,让思想得以放空。无论扮演着什么样的角色,你都可以对应着记录而后放下,整个人就会变得更轻盈。

比如,在职场上,可以利用中午吃完饭的时间,用10~20分钟进行语写,对遇到的事情进行快速剖析,寻求更多的解决方案,拓宽看问题的角度。只用大脑是想不清楚的,只有白纸黑字呈现出来,脉络才更清晰。

再如,全职妈妈应该怎样利用一天的时间?早晨用多长时间给孩子准备早餐?用多长时间将孩子送到学校?给自己的学习和成长预留多长时间?每天最重要的三件事是什么?当你在大脑中预想这些答案并通过文字呈现出来时,大脑会更清楚地命令自己，从而更好地规划时间。而不是一天到晚忙忙碌碌，被琐碎的事情牵着走。

只有想到才能做到，不要变成只会唠叨孩子的妈妈，而是成为陪伴孩子成长的榜样。既然是榜样，那么落实在日常生活中，需要做哪些事呢？不能只在大脑中想，而要在生活中真正践行，允许自己慢，但坚决不能停滞不前。用语写的方式先体验一遍生活，再到现实世界中实践一遍。

6.13.2　女性有更敏锐的情绪感知

通常，相比男性，女性被认为更情绪化。这在很大程度上源于女性对情绪的感知更为敏锐，所以女性往往比男性有着更为强烈的情感反应，这也意味着女性需要花费更多的时间和精力来处理自己的情绪。而语写刚好能够帮助女性快速处理情绪，减少在情绪上的消耗，稳定情绪，将注意力聚焦在更重要的事情上。

我走了很多弯路，希望你少走。我的抗压能力在 30 岁之前并不强，一遇到太难的事就会退缩，就想逃避，事情稍微困难一点儿，我就会把矛头指向别人，希望和自己撇清关系。

把责任推卸到别人身上，自己的压力就少了一大半，要不就索性置之不理，眼不见心不烦。就这样恶性循环，屡屡欺骗自己，心情如何呢？讲真话，我的内心并不好受，想要改变这种状况，但到了某个临界点又会被反弹回来。

我没有你想得那么厉害，我也只是普通妈妈。虽然取得了一些阶段性的成果，但内心的自我否认、自我怀疑依旧存在，没有发生更大的转变。难道我的生活就这样无望了吗？不。

未来掌握在自己手中，正是因为我们想要变得越来越好，所以才对自己有要求。在生活中，要警惕"焦虑"和"自我否认"等"拦路虎"，保持情绪稳定，通过行动不断给自己信心。我在行动中也会有一些畏难情绪，承认它，同时跟它保持一定的距离，不要被它绊倒，盯紧目标不放弃，100%对自己负责，这就是我的"成功法宝"。

很多时候，只是一件小事或出现情绪波动，就会在头脑中不断放大，乃至影响到日常生活。只需要一个简单的动作，把它说出来或写出来，就可以解决大部分的问题。向他人倾诉可以得到治愈，使自己心情舒畅。和闺蜜们吐吐槽，一些天大的事都能变成小事。有的人不太习惯找人倾诉，或者身边确实没有适合的人，那就用文字记录下来，文字会给自己带来正向反馈。看见即治愈。

当你对自己的情绪有更多的了解时，你的内心就会更平和。以前总想向外抓取，慢慢地经过时间的检验和事件的磨炼，我学会了向内看，连接最真实的自己。答案不在外面，答案在自己心中。

你从哪里来不重要，重要的是你将去向何方。

6.13.3　女性更需要高效利用碎片化的时间

女性在家庭中承担着更多家务、育儿等任务，这些任务会将我们的时间"打碎"，让我们的时间变得碎片化。如果还在职场上，职场上的诸多任务会让我们的时间变得更为琐碎。加上社交媒体的普及，女性在社交网络上和亲朋好友保持着更为紧密的联系，随时都会收到来自家人、朋友的信息，需要花费更多的时间来回应。因此，女性更需要高效利用碎片化的时间，在处理好琐碎事情的同时，也要做更有价值的事情。

我们要学会在碎片化的时间里进行体系化的学习。先给自己定下一个目标，以语写为例，目标是每天完成 1 万字，按照 10 分钟最多完成 2000 字计算，分成 5 次完成，将大目标拆分为小目标。

语写最大的特点就是启动快。哪怕只有一两分钟的时间，依旧可以把一个灵感快速记录下来。语写 App 遵循一秒启动原则，让你的思维快速锁定。特别是妈妈们，平常大块的时间很少，大部分时间要不就是陪伴孩子，要不就是上班，要不就是做家务，可以利用通勤的时间、上厕所的时间、早起的时间，给自己创造写作的机会。你认真对待碎片化的时间，它也会认真对待你的付出。

如何高效利用碎片化的时间，成了我们在生活中不得不认真思考的问题。在被分割的碎片化的时间里，有人在看电子书，有人在发朋友圈，有人在刷视频，有人在发呆，大家以各种各样的方式安排碎片化的时间。每个人安排碎片化的时间的方式，将决定其在碎片化时代的人生高度与质量。

畅销书《过目不忘的读书法》的作者桦泽紫苑说，他读完 30 本书完全是用碎片化的时间完成的，而他的碎片化的时间主要是通勤的时间，他把碎片化的时间变成了最好的学习时间。

高手与普通人不一样的地方就在于，普通人用舒适来耗尽光阴，而高手用争分夺秒来强大自己，哪怕只是碎片化的时间。

如何利用碎片化的时间逐步让自己强大？可以用"加减乘除法"。

加法：增加对碎片化时间的利用价值。比如，在等车、等餐、等朋友时，你会做什么呢？有一次，我和我家先生一同出门办事，发现自己的时间完全由别人掌控，所处的环境不适合语写，身边也没有书。后来，我们约定，只要出门就带着书，变被动为主动。

减法：刻意减少时间切换的成本，整合时间，集中时间做特定的事。学习就好好学，玩耍就痛痛快快玩，不要一边玩一边想着学习。要在日常生活中注意整合时间，如：早起半小时用于自我成长；一次性把一两天要吃的菜买回来，省得多跑几趟；把孩子外出需要用的东西准备好，不要走到一半发现没带吃的或穿的，不得不返回来。

乘法：在一个时间段内处理多项任务，效率翻倍。李笑来在《把时间当作朋友》里写道："一般情况下，'提高效率'指的就是'原本只能串行完成的两个任务,现在可以并行完成'。"比如,带孩子遛弯时可以顺便去超市买菜,散步并呼吸新鲜空气,把几件事在一个时间段内办完。

除法:主动将大目标拆分为小目标,每天突破一点点。比如语写,如果定下一年写 400 万字的目标,每天就要写 1 万多字;如果定下一年写 700 万字的目标,每天就要写 2 万多字。"九层之台,起于累土",有了大目标,再进行一砖一瓦的搭建,逐渐完成小目标。

时间一去不复返。作为现代女性,高效利用碎片化的时间,已然成为一门必修课。

6.13.4　女性要为自己造一块梦想的自留地

女性在现代社会中扮演着越来越重要的角色,与此同时,我们也面临着很多压力和挑战,这些可能导致我们让渡自己的梦想,失去价值感。为解决这个问题,女性要为自己造一块梦想的自留地,追求个人价值和成就,实现自我价值。

梦想是需要培养的,所以你现在没有梦想也很正常。梦想是一种能力，需要像锻炼肌肉一样，每日不断地加强。通过每日的语写训练，我离梦想越来越近。当你对自身有更多的认知和了解时，梦想也会向你靠近。

你从小到大的梦想是什么？我们的人生从小就被安排好了：好好考试，好好工作，挣更多的钱，拥有一个美满的家庭，取得一定的成就，安稳退休。一两次说出来的梦想，也许并不是真正的梦想，唯有长时间不断重复说出的梦想，才是心心念念要实现的梦想。

你有梦想吗？每个人都有梦想。你敢追梦吗？大部分人都不敢追梦。我有梦想，但不敢说出来，后来我学会在文字中说出梦想，这是实现梦想的首要步骤，也就是探索梦想。哪怕那并不是自己最终的梦想，但它可以作为垫脚石，支持我寻找更真实的梦想。为自己造一块梦想的自留地，做出来的产品也许有残次，有瑕疵，但正是有了不断试错的过程，自己才能做出最高品质的产品。哪怕会遇到困难，但方向正确。

6.13.5　因语写而改变命运

一个有时间、有精力的人，只要肯努力，就能完成一些事，只看他想不想进步。作为现代女性，要争着当有思想的现代人，要努力奋斗，不能因懒惰而不去做事，只要去做，多少都会有一些收获，因为你亲身经历过，不是学到就是得到。

刚开始和我家先生相处时，有好几次他都快被我"气晕"，但我并不是故意的，因为我对自身还不是特别了解，我也不知道自己的思维模式是怎样的，只有在与他人相处时才能看见我到底是怎样的人。但如果对方不想和我这样的人相处，那也可以，每个人都有选择的权利，我不会逼迫对方。我觉得自己挺好，一定会幸福，对方可能会想这小女子太狂妄。幸福是自己争取来的，幸不幸福也是自己能掌控的。别人给的幸福并不真实，也不会长久，最后还得靠自己争取。成为妈妈之后，我越发感受到语写的好处。它是我的好朋友，我每时每刻都在与它分享，它会一直在我身边，给我反馈。

我喜欢不矫揉造作的文字，喜欢能给我启发的文字。想法多了不整理也没有用，虽然想法少但常进行整理，就可以为己所用，它们就是自己的固有财富。所以，知识不能用多少来衡量，而是看能否将其整理成自己的思想体系。如果只徜徉在书本里，并没有进行思考，那对我们来说弊大于利。在别人的思想海洋里畅游了一番，并没有汲取到什么内容，不仅给自己的思想带来了负担，还养懒了思想。

你是想要成功，还是想要成功的人生？成功是名与利的双收，而成功的人生是和一群人，过着想过的生活，做着想做的事，共同实现目标。因为语写，我在文字的平行路上能更加愉快地玩耍，能看到自己的真实需求，从而接近自己想要去的地方。我以前只知一味地索取，想要得到别人更多的关注，但好在遇见了语写，我开启了新的人生之路。及时掉头也是一种幸运。语写拯救了我，我就用它来拯救世界。

人有两次生命的诞生：一次是肉体的出生，另一次是灵魂的觉醒。当你不再向外追求爱，向外索取爱，而发现你就是爱本身时，你才开始真实地、真正地活着。加油，我的女孩们，为自己而写，为自己而活。

后　记

你无须完美，勇敢做自己

从验孕棒测出两条杠的那天开始，我的心中就带着一丝紧张和兴奋，当年那个少女，刹那间就被赋予了母亲的使命。为了让孩子健健康康地出生，作为妈妈的我们，选择吃到嘴里的东西会更加谨慎，因为担心垃圾食品会影响到肚子里的孩子。还会时刻担心食欲不振、皮肤变差，甚至是妊娠纹的出现。

等到孩子出生后，要时刻关注孩子，及时回应孩子的所有需求，让他知道妈妈在身边。以前的漂亮衣服很少再穿，取而代之的是简单、便捷的哺乳衣。终于熬过哺乳期，又开始了与孩子的斗智斗勇。但我更想说的是，因为有了孩子，我的人生有了更加绚丽的色彩。

母爱虽然伟大，但并不应该以牺牲自我为前提。给自己一个时间期限，我们是孩子的妈妈，同时更是自己，要为自己活出人生的价值。在好好爱孩子的同时，别忘了时刻爱自己。找到自己努力的方向，找到生命的意义，这是最好的家庭教育的方式之一。当妈妈找到自己时，孩子也会找到他自己。

我们很想做一个情绪一直稳定的好妈妈，但偶尔就是控制不住自己的脾气，总是莫名其妙地伤害了孩子，事后又懊悔不已。记得有一次，大儿子不知因为何事一直哭闹不止，而我的精神又处于萎靡状态，于是对他发火，不想搭理他，以此来惩罚他和自己。可事后又觉得自己太不理智，怎么能这样对待一个不到两岁的孩子，觉得自己的做法有点残忍。

妈妈们为了平衡家庭和事业，经常两头奔波，期待在两个角色中自由切换，却发现即使自己再努力、再辛苦，也无法将这两个角色做到 100 分，总是有不完美之处。承认吧，你就是一个普通妈妈，做"60 分妈妈"就足够了。

英国精神分析学家温尼科特有一个著名的理论："做妈妈，足够好就行了。"后来被我国心理学家曾奇峰巧妙地译为"60

分妈妈"。"60分妈妈"这个概念很妙,既不像"100分妈妈"那样完美,时刻回应孩子的所有需求,剥夺孩子的自主权,也不像"0分妈妈"那样以自我为中心,完全忽略孩子。"60分妈妈"会在孩子需要时及时出现,又放手给孩子足够的空间,让孩子拥有自主权,为自己的人生负责。这样妈妈有成长空间,孩子也有成长空间。

在生育、养育孩子的路上,到目前为止,我觉得自己还是挺幸运的,总能得到很多前辈的指导。2019年还没怀孕时,我和我家先生就主动学习关于温柔分娩的课程。在这之前,我会按照自己有限的认知做决定,但在学习了专业知识之后,我知道,孕育和生产一个小小的生命,可以很享受整个过程。

温柔分娩是每个想当妈妈的人都必须去上的一门课程,它会让女性少走很多弯路。知道了就不害怕了,很多东西就是因为不知道才会焦虑。另外,在怀宝宝时,我踏上了实修的路,跟着静心老师和更高维度的老师学习,让自己的心性变得更稳。让教育简单化,把自己变好才是一切的根本。

本书已经接近尾声,在此呼吁妈妈们无须完美,勇敢做自己，这也是我心中真挚的声音。有时候，我们想要做得更好，乃至用力过猛，既伤了孩子也伤了自己。不完美才是完美，如同这本书，也有很多不完美之处，但那又怎样，我还有改善的空间，为写下一本书做准备。你也是第一次当妈妈，无须完美，且陪伴且成长。

谢谢你，我爱你。

**扫描二维码
和麦风玄一对一交流**